庭の花　草の花　樹の花

散歩で見かける
四季の花

Garden flowers,
Wild grass flowers & Tree flowers

金田　一
Kaneda Hajime

日本文芸社

■花のつくり

*植物用語についてはp6〜7の植物用語解説をご参照ください。

花のつくり

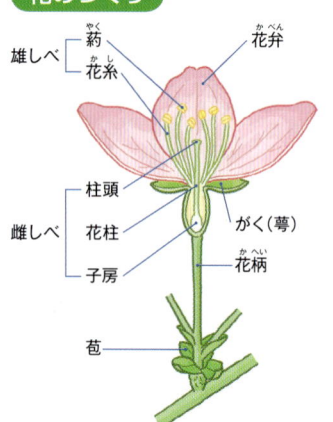

キク科の花の形

キク科の花は頭花といって、筒状花のみの花、舌状花のみの花、筒状花と舌状花の両方がついている花があります。

アザミのように筒状花だけでできている花

タンポポのように舌状花だけでできている花

ヒマワリやコスモスのように筒状花と舌状花の2つの花がついている花

花の形

十字形

漏斗形

高杯形

蝶形

釣鐘形

壺形

唇形

ラン形

カップ形

仏炎形

スミレ形

アヤメ形

■葉のつくり

葉のつくり

- 葉身（ようしん）
- 中脈（ちゅうみゃく）
- 側脈
- 托葉（たくよう）
- 葉柄（ようへい）

葉のつき方

対生　　互生　　輪生

根生葉のみ　　根生葉と茎葉

葉の茎へのつき方

葉柄がない　　葉柄がある　　茎を抱く　　突きぬく　　楯形につく

葉の形と呼称

楕円形　　卵形　　へら形　　ひ針形　　円形　　ハート形（心臓形）

スペード形　　腎臓形　　細長い葉　　羽根形　　羽根形　　矢じり形　　手のひら形

3

■本書の使い方

散歩などでよく見かける四季おりおりの花を、「庭の花」「草の花」「樹の花」の3つのグループに分けて紹介しています。このように分けたのは、街を散歩すると、見かける花のほとんどが、この3つのグループのいずれかに属しているからです。園芸品種や近縁種なども紹介して、街で見かける花を数多く収録しています。散歩のときに気になった花・植物を知るための道具として是非、お役立てください。

学名

植物には「学名」と呼ばれる世界共通の正式な名前があります。学名はラテン語で表記され、属名と種小名の組み合わせで1つの植物を表します。属名というのは、仲間分けするときの、互いに似かよった小さいグループのことです。種小名は、その植物の特徴を表す言葉です。本書では多数の種がある場合は属名のみ、主にその種だけを解説している場合は、属名+種小名を記しました。

科名

植物は形や性質などによって分類されます。科名はその植物が属する大きなグループの名称です。

植物名

属名、和名、英名など、いろいろな名前で呼ばれていて統一されていないため、使用されている頻度の高い名前を採用しています。なお、園芸品種名のわかるものは、'ヘアー'(p53 小写真)のように ' ' をつけて表しています。

花期ツメ検索

1~12月までのツメで、花の咲く時期に色をつけています。

一口メモ

スペースの都合上、解説文では触れられなかった豆知識を記しました。

小写真

園芸品種や近縁種、観賞のポイントなどを紹介しています。

解説文

名前の由来や似ている品種を見分けるポイント、その花の見所など、植物を楽しく知るための情報を紹介しました。

花　色

その植物の花の色の種類を示しています。●は赤色、●は桃色、●は黄色、●は橙色、●は青色、●は紫色、●は緑色、●は茶色、●は黒色、○は白色、✿は複色（1つの花が2色以上になるもの）を表しています。ただし、花色には濃淡があり、微妙な色合いもありますので、あくまで目安としてお役立てください。

ジャンルのツメ検索・掲載順

前半のブロックに、園芸品種が多く、花色・花形のバリエーションの豊富な「庭の花」、続いて中間のブロックに、野原や道端で見かけると心が和む野生の「草の花」、そして後半のブロックに、美しい花によって街や公園や庭の風景を変えてしまう「樹の花」、という順序になっています。いずれのブロックも開花する季節順に並んでいます。

データ

[分　類]「庭の花」「草の花」では、春に種子から発芽し実を結ぶまでが1年以内でその後枯れてしまうものを1年草、1年草の中で秋に発芽して冬を越すものを越年草、秋か春に発芽して生存期間が1年以上2年未満のものを2年草、2年以上生きて2回以上花をつけるものを多年草、多年草の中で、地下部が肥大して球状や塊状になっているものを球根としました。

「樹の花」では、樹高による分類をしました。樹高は成木時の高さが3mまでのものを低木、3～10mのものを小高木、10m以上のものを高木に分類しましたが、生育地の条件などによって樹高が異なるため、おおよその目安です。また、もう一つの分類として常緑、落葉などその樹の形態も表示しました。

[花　期]国内で花が咲く時期を示しています。

[草丈・樹高]草丈は、開花期の植物の高さを示し、樹高は標準的な成木の根元から樹冠までのおおよその高さです。

メイン写真

主に花の全体像を紹介し、できるだけその植物が見られる場所や生育環境の状態が分かる写真を選んでいます。

[原産地]原種が発見されたところ。園芸品種については、親が明らか場合は親の原産地を記しています。

[分　布]日本国内での分布地域を示しています。

サブ写真

花のアップ写真によって、メインの写真ではわからない、花の咲き方や雄しべ、雌しべ、萼などの様子がわかるようにしました。

[別　名]タイトルに使用した植物名以外で、よく使われる名前です。

■本書に出てくる「植物用語」の解説

本書では、分かりやすい表現を心がけ、なるべく専門的な植物用語は使用しないようにしていますが、どうしても使わざるをえない用語が多少ありました。以下はその用語・解説の一覧です。

明るい日陰（あかるいひかげ）：木漏れ日が当たる程度の日陰、または、午前中から昼の3〜4時間程度直射日光が当たる場所。半日陰（はんひかげ）ともいう。

一日花（いちにちばな）：開花したその日のうちにしぼんでしまう花。

羽状（うじょう）：1枚の葉が鳥の羽のように切れ込むこと。

園芸種（えんげいしゅ）：いくつかの植物をかけあわせて観賞価値を高めたり栽培しやすいように改良した植物を園芸種という。

花冠（かかん）：1つの花の花びら全体。

萼片（がくへん）：花の外側にあるものが萼で、萼の1つ1つを萼片という。花弁と区別できるものと、花弁のように見えるものとがある。

花茎（かけい）：地下茎や根から直接出て伸び、葉をつけず、花をつける茎。チューリップやタンポポなど。

花序（かじょ）：茎への花のつき方・配列様式。花軸（=茎）上の花の並び方。

花穂（かすい）：花が稲穂のように、長い小さな花が集まり、円錐状や円柱状になっている花序。

株（かぶ）：植物全体をさして株と言う。株の基部付近は株元と呼ぶ。

株立状（かぶだちじょう）：根ぎわから多数の茎を分けて生長する状態。あるいは根元から3本以上の幹が立ち上がった樹木、またその状態を指す。

花柄（かへい）：1個の花と茎をつなぐ柄のことで、花が複数ついているものは花軸という。

花弁（かべん）：花びらのこと。萼の内側にあり、雄しべと雌しべを包んで保護したり、昆虫を呼び寄せるなどの役目をするもの。

花房（かぼう）：1カ所に房のようになって咲く花。

帰化植物（きかしょくぶつ）：本来その国に無かった植物が人間の移動や動物の媒介によって外国（自生地）から持ち込まれて野生化して繁殖し、定着した植物。

距（きょ）：花びらや萼の付け根にある突起部分。内部に蜜をためて昆虫を誘うことが多い。

鋸歯（きょし）：葉のふちにあるぎざぎざの切れ込み。

草姿（くさすがた・そうし）：その植物独特の姿。

茎葉（けいよう）：茎から出ている葉のこと。根生葉（後出）とは形が違うことが多い。

原種（げんしゅ）：栽培種のもととなる種類や園芸品種のもとになった野生種を原種という。

高性種（こうせいしゅ）：その品種の中で背が高くなる性質を持つ種類のこと。

極早生（ごくわせ）：（極早生品種のこと）。比較的開花や結実が早い品種の中でも、特に早く花が咲くものを言う。

根茎（こんけい）：根に似て地中を這い、節から根や芽を出す地下茎。

根生・根生葉（こんせいよう）：根際から葉が出ていること。ただし、根のものから葉が出ることはない。

咲き分け（さきわけ）：1株の草や樹に、

色の異なる花が咲くこと。
唇形花（しんけいか）：人の唇に似た形の花。筒状の花びらの先が上下の二片に分かれ、唇のような形をしたもの。上側を上唇、下側を下唇という。
舌状花（ぜつじょうか）：キク科の花（頭花）のうち、外側をとりまく舌のような形をした1つ1つの花。
総苞（そうほう）：花の基部包んでいる、小さいうろこ状の苞の集まり。
立ち性（たちせい）：茎や蔓や枝が上に伸びる性質。
単葉（たんよう）：葉全体が一枚の葉身（葉の本体）からなる葉。⇔複葉
丁子咲き（ちょうじざき）：花の中心部が半球状に盛り上がる咲き方。
蔓性（つるせい）：植物の茎で、自らは立つことができず、長く伸びて地上を這ったり、ほかの物に巻きついてよじ登ったりするもの。
筒状花（とうじょうか）：管状花ともいう。キク科の頭花を作る多数の小花のうち、中心部に集まっている筒状の花のこと。
夏越し（なつごし）：植物には適した環境があり、高温多湿の日本の夏は、植物が過ごしにくい環境で、夏に枯れてしまう植物もあり、その場合、「夏越しができない」と言う。
一重咲き（ひとえざき）・八重咲き（やえざき）：花弁の数は植物の種ごとに決まっていて、本来の数のものが一重咲き、本来の数より多いものを八重咲きという。ふつう八重咲きといった場合、花びらが数多く重なって咲くことを意味している。
斑（ふ）：その葉のもともとの色（例えば緑色）の一部が外的または遺伝的要因によって変色すること。斑ができた葉を「斑入り葉」と呼ぶ。
複葉（ふくよう）：葉身が二枚以上の小葉からなる葉。⇔単葉
苞（ほう）：花や芽を包むようにつく葉の変形したもので、葉と変わらないものや葉のように美しいものがある。
匍匐性（ほふくせい）：地面を這うように植物が生長する性質。
ムカゴ（むかご）：葉の付け根にできる多肉で球状の芽。
葉腋（ようえき）：葉のわき、葉の付け根のこと。
葉柄（ようへい）：葉の一部で、葉身と茎の間にある細い柄。
翼（よく）：茎や葉柄などの縁に張り出している翼状の平たい部分。ひれともいう。
輪生（りんせい）：茎の節を囲んで何枚も葉がついていること。葉の枚数により3輪生、4輪生、5輪生などと呼ぶ。
輪生状（りんせいじょう）：本来は互生だが、輪生のように見えるもの。偽輪生ともいう。
漏斗状（ろうとじょう）：アサガオのように花の上部が広がり、漏斗形をしたもの。ちなみに漏斗とは、液体を注ぐときに用いられる器具のじょうごのこと。
ロゼット（ろぜっと）：根生葉が地面に平たく放射状に広がっている様子をいう。
矮性種（わいせいしゅ）：「矮性」は小形のまま成熟する性質のことで、矮性種とは、その品種の中で背の低い種類のこと。

● 本書の執筆にあたり、以下の文献を参考にしました。

『園芸植物大事典』（小学館）
『樹に咲く花』（山と渓谷社）
『日本の野生植物』（平凡社）
『原色日本帰化植物図鑑』（保育社）
『大辞泉』（小学館）
その他、ホームページ等を適宜参照しました。

植物用語図解（花のつくり）	2
本書の使い方	4
本書に出てくる「植物用語」の解説	6
散歩で見かける庭の花	9
散歩で見かける草の花	201
散歩で見かける樹の花	305
さくいん	411

散歩で見かける
庭の花

アイスランドポピー

●ケシ科
[Papaver nudicaule]

下を向いた丸い蕾（つぼみ）が上を向くと同時に割れ、中から薄紙細工のような花弁（かべん）が現れてふんわりと開く。パステルカラーのいかにも春らしい花で、花茎（かけい）に葉がつかないのが特徴である。暖地では冬から花が楽しめ、花摘み用に栽培もされる。

◀やさしげな花色で人気

分　類：1年草
花　期：12～5月
草　丈：30～60cm
原産地：北半球北部
別　名：シベリアヒナゲシ

暖地では冬から花が咲き、花畑も見られる

橙色系の花色（はないろ）が多い

クリーム色の花

18世紀に北極探検隊によってシベリアで発見されたことから、シベリアヒナゲシともいいます。

●イソマツ科
[Helleborus]

アルメリア

庭の花

花茎の先に小さな花が集まって球状につく花の形が髪に飾るかんざしに似ているのでハマカンザシの和名がある。よく見かけるのはマリティマ種で20cmくらいの花茎の先に花をつける。ほかに花茎が30〜60cmになるプランタギネア種もある。

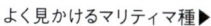
よく見かけるマリティマ種▶

分　類：多年草
花　期：3〜5月
草　丈：10〜60cm
原産地：ヨーロッパ、
　　　　北アフリカ、西アジア
別　名：ハマカンザシ、
　　　　マツバカンザシ

プランタギネア種

丸くなって咲く花

蒸れに弱いので、育てるのは通気のよいロックガーデンで

花期
1
2
3
4
5
6
7
8
9
10
11
12

アルメリアは「海辺に自生する植物」の意味。明治中期にヨーロッパから導入されました。

11

カルセオラリア

●ゴマノハグサ科
[C alceolaria]

袋状にふくらんだユニークな形をした花が、株いっぱいについて次々と咲く。タイガースポットと称する褐色の小さな斑点を多数ちりばめたものや斑点のないものなど、多くの園芸品種がある。小輪の黄色い花を円錐状(えんすいじょう)につける品種もある。

◀春の鉢花として人気がある

分類：1年草
花期：3～5月
草丈：20～40cm
原産地：チリ、ペルー、メキシコ
別名：キンチャクソウ

高性種(こうせいしゅ)の'ミダス'は小輪多花性で、花壇にも植えられる

複色の園芸品種

斑点のある園芸品種

カルセオラリアはラテン語で「小さな靴、スリッパ」の意味。日本では花の形から、「巾着草(きんちゃくそう)」の名で親しまれています。

●キク科
[Calendula officinalis]

キンセンカ

庭の花

株全体が軟毛で覆われ独特の香りがある。花弁の多い八重咲きをよく見かけるが、一重咲きで野生種のような小輪種もある。こちらは冬の花壇で見かけるが道路わきなどに野生化もしている。日に当たって開く性質があり、日が当たるほど花色がさえる。

◀ 小輪種で宿根（しゅっこん）タイプの '冬知らず'

分　類：1年草
花　期：2〜5月
草　丈：20〜60cm
原産地：南ヨーロッパ
漢字名：金盞花
別　名：ポットマリーゴールド、カレンデュラ

'コーヒークリーム'

横に這う這い性（ほふくしょう）タイプ

花の中心が黒い芯黒（しんぐろ）系

輝くようなオレンジの花は遠くからでもよく目立つ

花期
1
2
3
4
5
6
7
8
9
10
11
12

ヨーロッパではローマ時代から栽培され、葉は野菜として食べて、花びらのほうは料理の色付けや薬用に利用したそうです。

13

クリサンセマム

●キク科
[Leucanthemum Coleostephus]

白い清楚な花を咲かせるパルドサムと黄色い小花のムルチコーレが古い呼び名の"クリサンセマム"で出回っている。どちらも花つきがよい、明るい花色(はないろ)が特徴で、早春から初夏の頃まで長期間咲き続けるので、春の花壇や鉢植えには欠かせない。

◀鉢植えのパルドサム'ノースポール'

分　類：1年草
花　期：3～6月
草　丈：20cm前後
原産地：地中海沿岸
別　名：ノースポール、
　　　　コレオステファス

花期
1
2
3
4
5
6
7
8
9
10
11
12

春～初夏は花数がふえて見ごたえがある

黄花のムルチコーレ

'ノースポール'

「クリサンセマム」という名前はキクの仲間全体の総称ですが、園芸の世界ではクリサンセマムといえばパルドサムやムルチコーレなど、一部のものをさします。

14

●キンポウゲ科
[Helleborus]

クリスマスローズ

庭の花

花の少ない冬から早春の庭を飾る人気の花。花弁状の萼が花後も残って長く楽しめる。よく見かけるのは、2〜4月に咲くレンテンローズと呼ばれるオリエンタリス種とその園芸種。花色、花形が豊富で、八重咲きもある。茎が立ち上る種類もある。

本来のクリスマスローズのニゲル種▶

分　類：多年草
花　期：12〜4月
草　丈：30〜60cm
原産地：ヨーロッパ、西アジア
別　名：レンテンローズ、ヘレボルス

八重咲きの花

結実しても萼が残る

立ち性のフェチダス種

花のように見えるのは萼片で、花は下向きに咲く

花期
1
2
3
4
5
6
7
8
9
10
11
12

クリスマスローズはニゲル種についた名。日本ではこの名で親しまれていますが、学名はヘレボルスです。

15

クロッカス

●アヤメ科
[Crocus]

春を待ちかねたように咲く花の一つ。寒咲き種、春咲き種、秋咲き種などがあるが、よく見かけるのは3〜4月に咲く春咲き種。コンパクトな草姿で、ゴブレットを思わせる花形と、銀色のすじが入る細い葉のバランスがよいので人気も高い。

◀春咲きの代表ヴェルヌス種

分　類：球根
花　期：2〜4月
草　丈：10〜20cm
原産地：地中海沿岸地域
　　　　〜小アジア
別　名：ハナサフラン

春の訪れを告げるクロッカス

2月から咲く寒咲き種

秋咲きクロッカス

花は日中に開き、夜や曇りの日は閉じます。日本でも枯れた芝生の中に咲いているのを見かけることも多くなりました。

●ヒアシンス科（ユリ科）
[Scilla]

シラー

庭の花

葉と茎がヒアシンスに似ているので、ワイルドヒアシンスとも呼ばれる。星形に開く花を早春に咲かせる小型のシベリカ種や、初夏にピラミッド形に花を咲かせ、シラーの中ではやや大きめのペルヴィアナ種などをよく見かける。

◀ シラー・カンパニュラータ（下欄参照）

分　類：球根
花　期：2〜6月
草　丈：5〜40cm
原産地：ヨーロッパ、中央アジア、アフリカ
別　名：スキラ、ワイルドヒアシンス

小型のシベリカ種

シベリカ種の白花

ペルヴィアナ種は草丈20〜30cmで、毎年よく花が咲く

花期
1
2
3
4
5
6
7
8
9
10
11
12

　ベル形の花をつけるシラー・カンパニュラータは、ヒアシントイデス・ヒスパニカという名前になり、シラーの仲間から独立しました。

17

スイセン

●ヒガンバナ科
[Narcissus]

花の中心にあるカップが愛らしく、香りもよく春の花壇に欠かせない定番の球根植物。1茎に1つの花を咲かせるもの、1茎に多数の花を咲かせるものなど多くの園芸種があるが、花色は黄か白が多い。近年は小形の原種も見られ、人気がある。

◀寒中に咲くニホンズイセン

分　類：球根
花　期：12～4月
草　丈：12～40cm
原産地：地中海沿岸地方
漢字名：水仙
別　名：雪中花、ダッフォディル

原種スイセン バルボコディウム

口紅ズイセン

'フォーチュン'

春に咲くスイセンは大輪で華やか

ニホンズイセンは帰化植物といわれ、シルクロードを経由して中国、日本へと伝わったそうです。

●アブラナ科
[Matthiola incana]

ストック

庭の花

全体が灰色の軟毛に覆われて灰緑色に見える。硬い茎にボリュームのある花が穂状につく。花は一重(ひとえ)と八重(やえ)咲きがあり、開くと独特の甘い香りが漂う。香りは低温ほど強く、春より冬、日中より夜間によく匂う。秋から開花する極早生種(ごくわせしゅ)もある。

鉢植えに向く矮性種(わいせいしゅ) ▶

分　類：1年草
花　期：11～4月
草　丈：20～80cm
原産地：南ヨーロッパ
別　名：アラセイトウ

八重咲き種

一重咲き種

極早生種

花もちがよく香りも長く続くので、花壇では重宝する

花期
1
2
3
4
5
6
7
8
9
10
11
12

ストックは英名で「茎」という意味。茎が分かれるもの、1本立ちになるもの、矮性種などがあります。

ハナニラ

●ユリ科
[Ipheion uniflorum]

明治時代に渡来した球根植物。葉がニラに似ていて、揉むとニラのような臭気があることが名の由来。花は愛らしい星形で、花茎がいくつも立ち上がって上を向いて咲く。よく見かけるのは薄いブルーを帯びた白い花で、丈夫でよくふえて群生する。

◀通路の縁(ふち)取りなどでよく見る

分　類：球根
花　期：3〜4月
草　丈：5〜15cm
原産地：南アメリカ
漢字名：花韮
別　名：イフェイオン

'ウィズレーブルー'

'ロルフ・フィドラー'

'ピンクスター'

植えっぱなしにでき、よくふえて群生(ぐんせい)する

花形から英名はスプリング・スターフラワー。野菜のハナニラと間違わないように、学名のイフェイオンでも呼ばれています。

●スミレ科　●●●●●●●○⌘　# パンジー・ビオラ
[Viola × wittrockiana Viola cornuta × wittrockiana]

庭の花

パンジーはフランス語の「パンセ（物思う）」が語源で、花の模様が物思いにふける人の顔のように見えるところからついた名。最近は年内に花を咲かせる極早生の品種も登場して、晩秋から見かけるようになり、春まで長期間楽しめる。

◀ 花弁（かべん）にフリルが入るパンジー'オルギ'

分　類：1年草
花　期：11〜5月
草　丈：20〜30cm
原産地：ヨーロッパ

パンジー'ファーマシーミー'

ビオラ'フルーナ・ホワイト'

ビオラ'レモンスワール'

花色（はないろ）が豊富で、花壇に欠かせない主役の花

花期
1
2
3
4
5
6
7
8
9
10
11
12

🐾 パンジーはもともとは白、黄、紫の三色（さんしょく）の花で、三色スミレともいい、1864年に渡来しました。

21

ヒアシンス

●ヒアシンス科（ユリ科）
[Hyacinthus orientalis]

甘い香りを辺りに漂わせる球根植物。ピンクや白、青紫、橙など花色が豊富で、豪華な八重咲きの品種もある。よく見かけるのはたくさんのベル形の花を太い花茎にぎっしりと咲かせる園芸品種で、花壇や鉢植えだけでなく水栽培もできる。

◀花がまばらに付くローマンタイプ

分　類：球根
花　期：3〜4月
草　丈：20〜30cm
原産地：地中海沿岸など
別　名：ダッチ・ヒアシンス、ニシキユリ

ボリュームがあり、花壇に華やぎを演出する

豪華な園芸品種

白花の園芸品種

オランダを中心に品種改良が行われてきたので、「ダッチ・ヒアシンス」とも呼ばれています。

●ユキノシタ科
[Bergenia stracheyi]

ヒマラヤユキノシタ

ヒマラヤ原産で、冬でも常緑の大きな葉を雪の下からのぞかせているのが名の由来。太い根茎（こんけい）から丸くて大きな肉厚の葉が重なり合うように生え、早春から花茎（かけい）を伸ばしてピンクの花を密に咲かせる。葉は光沢があり緑色だが、冬は紅葉する。

◀石組みに似合う

分 類：多年草
花 期：2〜4月
草 丈：20〜30cm
原産地：アフガニスタン
　　　　〜チベット
漢字名：ヒマラヤ雪の下
別 名：ベルゲニア

紅花種

寒中は葉が紫紅色

団扇（うちわ）のような大きな葉の上に花を咲かせる

日当たりがよい乾燥地を好むので、石垣や庭の石組みの間に植えられています。

フクジュソウ

●キンポウゲ科
[Adonis amurensis]

"新年を寿ぐめでたい花"の意味で福寿草といい、正月用の寄せ植えで古くから親しまれている。花色は黄色が一般的だが、園芸品種には紅や白、緑花もあり、江戸時代から育てられている。花は日が当たると開き、夜間や曇りの日には開花しない。

◀残雪の中、春の訪れを告げる

分　類：多年草
花　期：2～4月
草　丈：10～40cm
原産地：日本、シベリア、中国、朝鮮半島
漢字名：福寿草
別　名：ガンジツソウ

三段咲き

'紅撫子(べになでしこ)'

若葉

ふっくらとした黄色い花が江戸時代から愛されてきた

花が終わると葉が伸びて草丈が高くなり、開花していた頃とは同じ植物には見えません。晩春には枯れて秋まで休眠します。

24

●アヤメ科
[Freesia]

フリージア

横に伸びる細い花茎(かけい)の上側に漏斗(ろうと)状(じょう)の花が並んで咲き、甘い香りを漂わせて春の到来を知らせる。香りが最も強いのは白花や黄花といわれている。よく見かけるのは花色(はないろ)が豊富な園芸品種で、ボリュームのある大輪系や八重咲(やえざ)きの品種もある。

次々と開花して花持ちがよい▶

分　類：球根
花　期：3〜4月
草　丈：20〜80cm
原産地：南アフリカ南部の
　　　　ケープ地方
別　名：アサギズイセン

小型のムイリー種

'レッド・サンセット'

黄花の園芸品種

寒さに弱いので鉢花や切り花で見ることが多い

香りのよいことで知られていますが、急ぎ過ぎた改良で香りが淡くなったものが多くなりました。

25

プリムラ

●サクラソウ科
[Primula]

一般にプリムラといえば西洋種のサクラソウを指す。花弁（かべん）が大きく、八重咲きもあるポリアンサ、日本で育成された園芸品種のジュリアン、日本産のサクラソウに似た草姿のマラコイデスなどは、鉢植えの外に花壇にも植えられているのを見かける。

◀一重咲き（ひとえざき）のポリアンサ種

分　類	多年草
花　期	3〜4月
草　丈	5〜40cm
原産地	ヨーロッパ、中国〜中央アジアなど
別　名	セイヨウサクラソウ

花色（はないろ）が豊富で次々と咲くポリアンサ種

ポリアンサ種'スイートハート'

ポリアンサ種'ファンタジー'

バラ咲きのジュリアン

プリムラは、ラテン語のプリムス（「最初」の意味）が語源で、欧州ではほかの花に先駆け春一番に咲くので名付けられました。

庭の花

寒さに強いので花壇にも植えられるウグイス系のマラコイデス種

カウスリップと呼ばれるベリス種は、花が房になってうつむき加減に咲く

シネンシスともいうプラエニテンス種は、手のひら形に切れ込んだ葉をつける

穂状に花を咲かせるユニークなビアリー種

27

庭の花

アゲラタム

●キク科
[Ageratum]

小さな花がこんもりと密集して株を覆って、秋遅くまで咲き続ける。高性種(せいしゅ)もあるが、花壇に適した草丈の低い品種が多く出回るようになり、花壇の縁(ふち)取りに利用されたものや、花のカーペットのようになった花壇も見かけるようになった。

◀花がふんわりと咲く

分　類：1年草
花　期：5～10月
草　丈：15～60cm
原産地：メキシコ、ペルー
別　名：カッコウアザミ

白やピンクの園芸種

花期
1
2
3
4
5
6
7
8
9
10
11
12

残暑が一段落する頃、花色(はないろ)が冴えて鮮やかになる

青花の矮性種(わいせいしゅ)

アゲラタムは、長期間花の色があせないことから「古くならない、年をとらない」という意味のギリシャ語に由来した名です。

●シソ科
[Ajuga reptans]

アジュガ・レプタンス

茎が地面を覆うように広がり、春になると青紫色の小さな花を多数穂状につける。花の塔のようにいくつも立ち上がって咲く様子が美しい。ピンク花や葉に斑(ふ)が入るもの、赤紫色の葉をつけるものなどの品種もあり、冬でも葉色が楽しめる。

グランドカバーに最適▶

分　類：多年草
花　期：5〜6月
草　丈：20cm
原産地：ヨーロッパ
　　　　〜アジア西部
別　名：セイヨウキランソウ

斑入り(ふいり)アジュガ

霜が降りた葉

塔状に伸びた花茎(かけい)に密に花がつき、下から咲く

花期
1
2
3
4
5
6
7
8
9
10
11
12

地面を花や葉で覆う植物を「グラウンドカバープランツ」といいますが、アジュガはその代表です。

アネモネ

●キンポウゲ科
[Anemone]

アネモネはギリシャ語のアネモス（風）に由来し、風通しのよいところに生えるので付いた名で、イギリスでは「風の花」と呼んでいる。一般にアネモネといえばコロナリア種をさし、一重（ひとえ）、八重（やえ）、半八重咲きなど多様な花形（はながた）と豊富な花色（はないろ）がある。

◀コロナリア種

分　類：球根
花　期：2月中旬〜5月
草　丈：5〜40cm
原産地：地中海沿岸地方
別　名：ボタンイチゲ、ハナイチゲ

いろいろな花色がそろって咲く

'セントブリジッド'

半八重咲きの赤花

可憐なブランダ種

アネモネには山野草の風情を持つブランダ種もあります。草姿（そうし）に比べて大きな花を咲かせます。

●ヒガンバナ科
[Hippeastrum]

アマリリス

庭の花

太い花茎の先にユリに似た豪華な花を咲かせる。花は、蕾のときは上を向いているが開くと横向きになる。一般にアマリリスの名で親しまれているのは、オランダで改良された大輪種で、八重咲きもある。そのほかに秋に咲く品種もある。

秋咲きのシロスジアマリリス▶

分　類：球根
花　期：4〜6月
草　丈：30〜90cm
原産地：中央アメリカ、南アメリカ
別　名：ヒッペアストルム

八重咲き種

ガーデンアマリリス

ガーデンアマリリス

花径20cmもある花を数個咲かせる

花期
1
2
3
4
5
6
7
8
9
10
11
12

アマリリスは古い名前で、現在はヒッペアストルムです。ギリシャ語で「騎士の星」という意味で、英名もナイトスター。

31

アヤメ

●アヤメ科
[Iris sanguinea]

水中では育たず、乾いた草原に自生しているが、江戸時代から栽培もされている。花が葉の上に出て咲くので、すっきりとした上品な草姿で、花とともに葉も観賞の対象になる。下の花弁の付け根に黄色に青紫の網目の模様があることが特徴。

◀花弁の中央の網目模様が特徴

分　類：多年草
花　期：5〜6月
草　丈：40〜60cm
原産地：シベリア、中国東北部、日本
漢字名：菖蒲、綾目

凛とした姿が印象的で、古くから親しまれてきた

白花アヤメ

3寸アヤメ

アヤメに「菖蒲」の字を充てることがありますが、菖蒲はサトイモ科のショウブのことで、混乱しないように「綾目」の字を使います。

●ユリズイセン科
[Alstroemeria]

アルストロメリア

南米のチリ、ペルーにかけて自生するので、「ペルーのユリ」とか「インカのユリ」などとも呼ばれ、独特の花模様で知られている。もともと切り花として普及したが、花壇や鉢植え向きの矮性種が登場して、戸外でも見かけるようになった。

◀オーランティアカ種

分 類：球根
花 期：5～6月
草 丈：40～80cm
原産地：南アメリカ
別 名：インカのユリ、
　　　　ペルーのユリ

原種のリグツ種

'マンゴー'

花数が多く賑やかに咲くので、花壇が華やかになる

左右対称の花に濃いすじ状の斑点が入る品種が多いのですが、斑点のない園芸品種もつくられています。

33

イカリソウ

●メギ科
[Epimedium]

4枚の花弁に距と呼ばれる長い突起があり、花の形が船の錨に似ているのが名の由来。葉に3本の枝があり、それぞれの枝に3枚ずつ合計9枚の小葉がつくところから三枝九葉草の名もある。ロックガーデンや落葉樹の下などでもよく見られる。

◀花は下を向いて次々と咲く

分　類：多年草
花　期：3〜5月
草　丈：20〜40cm
原産地：日本
漢字名：錨草
別　名：サンシクヨウソウ

'夕映え'

バイカイカリソウ

若葉

花期
1
2
3
4
5
6
7
8
9
10
11
12

船の錨に似た花を開く日本特産のイカリソウ

古くから薬用として用いられ、花を咲かせる頃に茎葉を刈り取って乾燥させたものが強壮、強精薬とされます。

●ラン科
[Calanthe]

エビネ

数珠のように連なっている地下の球茎を、エビの背に見立てたのが名の由来。地エビネや黄エビネのほかに、近年は人工交配によって色や形の美しい園芸品種が出回り、手軽に楽しめる園芸植物になっている。花は平らに開くか半開する。

◀花茎（かけい）を立ちあげたジエビネ

分　類：多年草
花　期：4〜5月
草　丈：20〜30cm
原産地：日本、中国
漢字名：海老根、蝦根
別　名：エビネラン

園芸種

園芸種

長楕円形の葉

日陰の庭を彩るエビネ

花期: 4, 5

かつては日本各地の低山で見られましたが、乱獲で自生地が少なくなりました。

オーニソガラム

●ヒアシンス科（ユリ科）
[Ornithogalum]

よく見かけるのは、キリスト誕生の夜に輝いたといわれる「ベツレヘムの星」にたとえられるウンベラータム種で、純白の星形の花を次々と咲かせる。曇天には閉じる。ほかに、黄色の花が集まって上を向いて咲くダビウム種などがある。

◀黒い雌しべ（めしべ）がよく目立つアラビクム種

分　類：球根
花　期：4〜5月
草　丈：20〜60cm
原産地：南アフリカ、ヨーロッパ、西アジア
別　名：オオアマナ

花を多数咲かせる強健種（きょうけんしゅ）のウンベラータム種

ダビウム種

ヌタンス種

花は上を向いて咲くもの、うつむき加減に咲くものなどさまざま。日当たりのよいときに開花します。

●キク科
[Osteospermum]

オステオスペルマム

庭の花

マーガレットやガーベラに似た花だが、花弁の先がくびれるものや斑入り葉の品種などもある。以前は白、ピンク、紫色の花色だったが、日本での育種が進み、今では次々と新品種が出回り、オレンジ色の花色も誕生してより魅惑的になった。

花弁がくびれた'ナシンガホワイド' ▶

分　類：多年草
花　期：4〜6月
草　丈：20〜50cm
原産地：南アフリカ
別　名：アフリカンデージー

斑入り葉種

'ジュニアシンフォニー'

'オレンジシンフォニー'

オステオスペルマムとスイートアリッサムの寄せ植え

花期
1
2
3
4
5
6
7
8
9
10
11
12

以前はディモルフォセカと呼んでいましたが、タネができにくいことから現在はオステオスペルマムとして独立しています。

37

球根アイリス

●アヤメ科
[Iris]

アイリスには根茎性と球根性があり、球根アイリスの代表がオランダで作出されたダッチアイリス。内側の花弁が立ち上がるモダンな花形が特徴。ほかに、早春に開花する香りのあるものや、厚い葉を左右に広げるジュノーアイリスなどもある。

◀ジュノーアイリスは白と黄色の複色咲き

分　類：球根
花　期：2～5月
草　丈：5～30cm
原産地：地中海沿岸、トルコ、中央アジアなど
別　名：ミニアイリス

切り花でもよく見るダッチアイリス

'ジョージ'

'キャサリン・ホッグキン'

ダンフォルディアエ種

アヤメの仲間で、球根を持つグループが球根アイリス。草丈5～8cmの小型種はミニアイリスともいいます。

サクラソウ

●サクラソウ科
[Primula sieboldii]

長い花茎(かけい)の先にハート形の花を数輪つける。日本固有の草花で、江戸時代に栽培が盛んになり、花色(はないろ)や花形(はながた)の変わったものが誕生し、いまに伝えられたものも多い。一方、自生地では開発や乱獲などから減少し、野生種は絶滅危惧種になっている。

珍しい品種の観賞会も行われる▶

分　類：多年草
花　期：4〜5月
草　丈：15〜30cm
原産地：日本
漢字名：桜草
別　名：ニホンサクラソウ

野生種

'明烏'

'竹取姫'

ワスレナグサと一緒に庭植えにされたサクラソウ

サクラに似た可憐な花を咲かせ、「わが国は草もさくらを咲きにけり」（小林一茶）の句があります。

庭の花

花期
1
2
3
4
5
6
7
8
9
10
11
12

39

シバザクラ

●ハナシノブ科
[Phlox subulata]

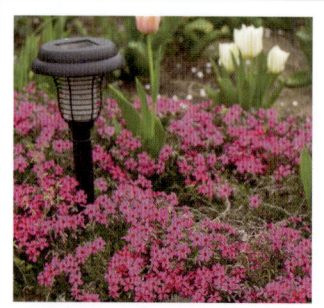

花はサクラを思わせる5弁花で、茎が芝のように地面を覆うように広がる。ピンクや白の花が一斉に開いて葉が見えないくらいになるので、花の絨毯を敷き詰めたように見える。普通は横に広がるが、石垣などに植えると垂れ下がって咲く。

◀陽光の下で咲くと特に美しい

分　類：多年草
花　期：3〜5月
草　丈：10cm
原産地：北アメリカ東部
漢字名：芝桜
別　名：モスフロックス、ハナツメクサ

'多摩の流れ'

'オーキッドブルーアイ'

地面を覆うグラウンドカバープランツを代表する一種

'スカーレットフレーム'

暑さ、寒さに強く、日本中どこでも栽培でき、山や丘陵の斜面に植えられ、観光名所になっているところもあります。

●アブラナ科
[Lobularia maritime]

スイートアリッサム

庭の花

花にほのかな甘い香りがあり、英名のスイートアリッサムの名で親しまれている。小さな四弁の花が枝の先のほうに密について丸くなり、それらが多数集まって株を覆うように咲いて、花のカーペットのように広がる。ピンクや紫色の花もある。

'イースターボネットホワイト' ▶

分　類：1年草、多年草
花　期：2〜6月
草　丈：10〜15cm
原産地：地中海沿岸地域
別　名：ニワナズナ、
　　　　ニオイナズナ

這(は)うように広がる

小さな花が密につく　　園芸種は花色(はないろ)が豊富、カラフルに花壇を飾る

花期
1
2
3
4
5
6
7
8
9
10
11
12

花に芳香があり、白い花が特に強く香ります。開花期が長いのが特徴ですが、暑さに弱く、日本では夏の暑さで株が弱ります。

41

ストロベリーキャンドル

●マメ科
[Trifolium incarnatum]

野草のシロツメクサやムラサキツメクサ（p251）の仲間で、軟らかい細い茎の先にロウソクを灯したような愛らしい濃赤色の花穂(かすい)がつき、下から上に向かって咲いていく。光の方向に花首が曲がる性質がある。白い花穂をつけるものもある。

◀花穂は5～7cmになる

分　類：1年草
花　期：4～6月
草　丈：40～60cm
原産地：ヨーロッパ
別　名：クリムソンクローバー、オランダレンゲ

白花種

ルーベンス種

花は、キャンドルの炎やイチゴのように見える

花期
1
2
3
4
5
6
7
8
9
10
11
12

実は「ストロベリーキャンドル」は種苗(しゅびょう)会社の商品名。英名はクリムソンクローバーで、ヨーロッパでは牧草や蜜源植物に利用しています。

● ヒガンバナ科
[Leucojum aestivum]

スノーフレーク

庭の花

先が丸くなった細長い葉の間から長い花茎を出し、2〜6輪のランプシェードに似た花が吊り下がって咲く。スズランに似た釣り鐘形の花と、濃い緑色の葉をつけた草姿がスイセンに似ていることから、スズランスイセンの和名がある。

白い花弁（かべん）の先端に緑の斑点が入る花▶

分　類：球根
花　期：4月
草　丈：30〜40cm
原産地：オーストリア、ハンガリー、ヨーロッパ南部など
別　名：スズランスイセン

芽だし

秋咲きスノーフレーク　　花は小さめだが群生（ぐんせい）すると開花時はよく目立つ

繊細な草姿と可憐な花が魅力の「秋咲きスノーフレーク」は、以前はスノーフレークの仲間でしたが、現在はアキス属です。

43

庭の花

チューリップ

●ユリ科
[Tulipa]

青以外の花色が揃っているといわれるほど花色が豊富で、花形も一重咲き、八重咲き、花弁の縁が切れ込むものなど、多数の園芸品種がつくられている。ほかに、草丈が低く、野趣に富んだ原種も人気が高く、よく見かけるようになった。

◀青い花底が魅力の原種系

分 類：球根
花 期：3～5月
草 丈：10～60cm
原産地：中央アジア、地中海沿岸
別 名：ウッコンコウ

一重咲き

八重咲き

花期
1
2
3
4
5
6
7
8
9
10
11
12

春の公園は色とりどりのチューリップが咲き乱れて壮観

パーロット咲き

17世紀にオランダを中心に「チューリップ狂時代」が到来し、珍しい球根が投機の対象になり、新品種が誕生しました。

庭の花

同じ品種をまとめて植えると、散漫にならずコンテナも華やかになる

ムスカリと混植して青色を補うように演出した花壇

コラム

原種と園芸品種

　原種は、園芸品種の親や先祖に当たるもので、人の手が加えられていない野生種を言います。一方、園芸品種は、観賞用などに育てることを目的に野生種の中から選び出したり、人工的に交配してつくられた植物です。華麗な花を咲かせるチューリップの園芸品種も、元はトルコなどにある「原種チューリップ」の一部から作出され、選抜されてきたものです。

　原種チューリップは全体的にボリューム感がなく、小型でほっそりした野趣に富んでいるものが多いのですが、園芸品種に劣らない大きな花を咲かせるものもあり、人気があります。最近は、原種やその交配種だけで作られた花壇も見かけるようになりました。

ディモルフォセカ

●キク科
[Dimorphotheca]

花弁(かべん)にシルクのような光沢があり、黄色や橙色の一重(ひとえ)の花を咲かせる。花は直射日光を受けたときのみ開き、夕刻や曇天には閉じる特徴がある。南アフリカ原産でキンセンカに似た花を開くので、別名をアフリカキンセンカという。

◀金属光沢のある明るい花色(はないろ)が特徴

分　類：1年草
花　期：3～6月
草　丈：25～40cm
原産地：南アフリカ
別　名：アフリカキンセンカ

花期
1
2
3
4
5
6
7
8
9
10
11
12

日当たりの良い場所だと次々とよく開花する

'ピーチシンフォニー'

橙色の園芸品種

ディモルフォセカは「二つの果実の形」という意味。花の中心と外側の花弁状の舌状花では実の形が異なることからついた名です。

● キク科
[Bellis perennis]

デージー

庭の花

和名をヒナギクというが、英名のデージーで親しまれている。デージーは太陽の光のもとで花を開き、夕方や曇りの日には閉じるので、デイズアイ（太陽の目）から転じて名付けられたもの。ツタンカーメン王の首飾りにも使われたといわれている。

▶ 野生種は花色（はないろ）が白色で、一重咲き（ひとえざき）

分 類：1年草、多年草
花 期：3〜5月
草 丈：12〜18cm
原産地：ヨーロッパ、地中海沿岸
別 名：ヒナギク

チロリアンデージー'ハイジ'

園芸種の赤花

陽光を好み、日がよく当たる場所で咲く

花期
1
2
3
4
5
6
7
8
9
10
11
12

品種改良は18世紀の後半のイギリスのエリザベス王朝から始まり、小輪〜大輪咲きの八重咲き（やえざき）の園芸品種が多数作出されました。

47

ネモフィラ

●ハゼリソウ科
[Nemophila]

株いっぱいに澄んだ空色の花を咲かせるやや匍匐性のメンジェシイ種は、英名をベイビーブルーアイズ（赤ちゃんの青い瞳）という。小輪の黒花もある。白色の花弁の先にくっきりと紫色の斑点が入る花を開く、やや立ち性のマクラータ種もある。

◀マクラータ種。英名はファイブスポット

分　類：1年草
花　期：4〜5月
草　丈：15〜20cm
原産地：北アメリカ
別　名：ルリカラクサ

"ペニー・ブラック"

キンセンカの株元に青いカーペット状に広がるメンジェシイ種

'インシグニスブルー'

ネモフィラはギリシャ語の「森」と「愛する」の2語からなり、原産地の北アメリカで森の周辺に生育していることが名の由来。

● ユリ科
[Fritillaria]

フリチラリア

庭の花

日本にも自生しているクロユリの仲間で、いずれもベル形の個性的な花形(はながた)で、下を向いて咲く姿に人気がある。大形のインペリアル種は黄や橙色の花がシャンデリアのように咲く。小形のメレアグリス種は独特の市松模様の花が特徴。

暗紫色の花をつけるペルシカ種▶

分　類：球根
花　期：3 〜 6月
草　丈：10 〜 120cm
原産地：ヨーロッパ、トルコ、
　　　　西アジア、中国、
　　　　日本など

メレアグリス種

バイモ

クロユリ

インペリアリス種は、クラウン・インペリアル（王冠）の英名がある

花期
1
2
3
4
5
6
7
8
9
10
11
12

フリチラリアはラテン語で「チェス盤」や「さいころ箱」という意味で、メレアグリス種の花の模様が名前の由来です。

49

スミレ（洋種）

●スミレ科
[Viola]

日本はスミレ王国といわれるほど多くのスミレが自生しているが、花壇でよく見かけるのは外国産のスミレである。芳香のあるニオイスミレや栽培したものが逃げ出して道端でも見かけるソロリア種、蔓性(つるせい)のパンダスミレなどがある。

◀育てやすいビオラ・ソロリア

分　類：多年草
花　期：4～6月、9～11月
草　丈：約10cm
原産地：ヨーロッパ、北アメリカ、オーストラリアなど
別　名：ビオラ

パンダスミレ

ソロリア種'フレックス'

ニオイスミレ（バイオレット）は宝塚歌劇団の歌に歌われることでも有名

バイオレットは、ビーナスとアフロディテの植物とされ、古代ギリシャでは結婚式に花の冠をかぶったといいます。

●キンポウゲ科
[Ranunculus]

ラナンキュラス

庭の花

原種は一重咲きだが、よく見かけるのは、光沢のある色鮮やかな花弁を幾重にも重ねた八重咲き種で、ふっくらとした魅力的な花を咲かせる。花色が豊富で、小輪種から花径15cmにもなる超巨大輪種まで、さまざまなサイズがある。

多年草のレペンス種 'ゴールド・コイン' ▶

分　類：球根
花　期：4～5月
草　丈：20～50cm
原産地：中近東～
　　　　ヨーロッパ南東部
別　名：ハナキンポウゲ

八重咲き園芸種

バイカラーの園芸種

花色が豊富な園芸種 'リビネラ・フェスティバル'

花期
1
2
3
4
5
6
7
8
9
10
11
12

一般にラナンキュラスは球根植物を指しますが、黄金色の花を咲かせる多年草もあり、こちらは花壇に利用されています。

51

ワスレナグサ

●ムラサキ科
[Myosotis sylvatica]

世界各国の詩歌や物語に登場するロマンチックな花。瑠璃色で、中心が黄色の花径 0.5cmほどの小さな可憐な花を開く。園芸品種にはピンクや白花もある。ヨーロッパでは多年草だが、日本では夏を越すことが難しいので1年草として扱っている。

◀チューリップと混植して景観をつくる

分　類：1年草
花　期：4～5月
草　丈：20～40cm
原産地：ヨーロッパ、アジア、アフリカ
漢字名：忘れな草
別　名：ミオソティス、エゾムラサキ

白花の園芸品種

桃花の園芸品種

こぼれたタネからも発芽するほど丈夫な草花

英名の「フォーゲット・ミー・ノット」を直訳して「忘れな草」といい、花言葉も「私を忘れないで」です。

●ネギ科（ユリ科）
[Allium]

アリウム

庭の花

食用のネギやタマネギの仲間で、葉や茎をつぶすとネギ臭がある。太い花茎の先に小さな花が球形に集まって咲くギガンチウム種は大型種の代表。小型種は可憐で繊細な雰囲気を持つ花が多く、白や鮮黄色、ピンクの花を咲かせる。

ベル形の花が咲くトリクエトルム種▶

分　類：球根
花　期：5～6月
草　丈：15～150cm
原産地：中央アジア、
　　　　地中海沿岸、
　　　　アメリカなど

モンタナ種

アルボピロツム種

'ヘアー'

草丈1m以上になる大型種の代表のギガンチウム種

花期
1
2
3
4
5
6
7
8
9
10
11
12

　アリウムの仲間は「ネギ坊主」と呼ばれる蕾（つぼみ）を包むための2枚の幅の広い膜質の苞（ほう）（葉のようなもの）を持つのが特徴です。

53

イベリス

●アブラナ科
[Iberis]

4枚の花弁のうち、内側の2枚は小さく、外側の2枚は大きい。花びらの大きさが違うところがおもしろい。ウンベラータ種は、花がムクムクと盛り上がった砂糖菓子のようなので、英名をキャンディタフトという。横に広がる性質の多年草もある。

◀宿根(しゅっこん)イベリス'ブライダルブーケ'

分　類：多年草、1年草
花　期：3〜6月
草　丈：20〜50cm
原産地：ヨーロッパ、北アフリカ
別　名：キャンディタフト、マガリバナ

赤やピンクの花色(はないろ)があるウンベラータ種

'ゴールデンキャンディ'

ウンベラータ種

イベリスはスペインに多く自生していて、スペインの古い国名「イベリア」が語源です。

●アブラナ科
[Helleborus]

エリシマム

庭の花

暗緑色の葉に鮮やかな花色が印象的。ストックに似た草姿で、茎の先に花穂をつくり、愛らしい4弁の花を次々と咲かせる。花の香りがよいので和名をニオイアラセイトウという。一重と八重咲きがあり、最近は高性種より矮性種をよく見かける。

宿根性の'プルプレア' ▶

分 類：1年草
花 期：3〜6月
草 丈：20〜80cm
原産地：ヨーロッパ南部
別 名：ニオイアラセイトウ、ウォールフラワー

'ゴールドダスト'

花は穂状に咲く

花壇に植えると分枝してたくさん咲く

花期
1
2
3
4
5
6
7
8
9
10
11
12

土壁などのすき間にも生えることから、「ウォールフラワー」という英名でも知られています。

55

カーネーション

●ナデシコ科
[Dianthus caryophyllus]

母の日の花としてもポピュラー。古代ギリシャ時代から栽培されているが、現在のカーネーションはナデシコ科のセキチクとの交雑種で、多くの品種がつくられ、枝分かれして複数咲くものなどもある。花壇や鉢植えに向くコンパクトなものもある。

◀母の日は鉢植えのカーネーションが人気

分　類：多年草
花　期：4～6月
草　丈：15～100cm
原産地：ヨーロッパ南部
別　名：オランダセキチク

青いカーネーション'ムーンダスト'

「ガーデンカーネーション」が誕生したので庭でも楽しめる

切り花用の高性種（こうせいしゅ）

20世紀初頭のアメリカで、母親の命日に娘がカーネーションを配ったことから、母の日とカーネーションが結びついたそうです。

●キク科
[Gerbera]

ガーベラ

庭の花

日本へは明治末期に渡来した。赤色一重咲きの古い品種は、雨の多い日本の気候に合うので庭に植えられて親しまれてきたが、近年は巨大輪の花を咲かせる矮性種のポットガーベラやミニガーベラが鉢に植えられて、ベランダや窓辺を飾っている。

花弁(かべん)が糸状のスパイダー咲きの'ミュウ' ▶

分　類：多年草
花　期：5～10月
草　丈：15～65cm
原産地：南アフリカ
別　名：オオセンボンヤリ、
　　　　アフリカセンボンヤリ、
　　　　ハナグルマ

花弁の多いタイプ

パティオガーベラ

花壇に植えられる古い品種の'スーパークリムソン'

花期
1
2
3
4
5
6
7
8
9
10
11
12

ポットガーベラと呼ばれる花茎(かけい)が短いコンパクトなタイプは、日本で誕生した鉢植え向き品種で、海外でも高く評価されています。

57

ガザニア

●キク科
[Gazania]

花は朝開いて夕方に閉じ、曇天や雨天の日には閉じる性質があるので、日当たりのよい花壇などで見かける。花弁(かべん)の基部に複雑な模様が入るもの、花弁に縦に縞(しま)が入るもの、八重咲きのもの、銀葉をつけるものなど多彩な園芸品種がある。

◀黄やオレンジの花色がポピュラー

分 類：多年草
花 期：5～10月
草 丈：15～40cm
原産地：南アフリカ
別 名：クンショウギク

花期
1
2
3
4
5
6
7
8
9
10
11
12

花はカラフルで、初夏から秋の終わりまで次々と開いていく

黄花の園芸品種

'カスタードシュー'

大正時代に日本へ渡来しました。花の形や金属光沢のある花の色模様が勲章に見えることから、和名を「勲章菊(くんしょうぎく)」といいます。

● キク科
[Matricaria recutita]

カモミール

庭の花

江戸時代にオランダから渡来した薬用植物で、花を乾燥させてお茶のように飲むハーブティーで親しまれている。コギクに似た花はリンゴを思わせる甘い香りがあり、開花が進むにつれ白い花びらが垂れ下がり、中心の黄色い部分が盛り上がる。

花の中心が盛り上がったら収穫適期▶

分　類：1年草
花　期：5〜6月
草　丈：30〜60cm
原産地：ヨーロッパ〜西アジア
別　名：カミツレ、カモマイル、ジャーマンカモマイル

別属のローマンカモミール

別属のダイヤーズカモミール　地面に落ちたタネからも発芽し、一度植えると毎年花が咲く

イギリスの絵本「ピーターラビット」に、寝つけないピーターに、お母さんウサギがカモマイルティーを飲ませる場面がでてきます。

花期
1
2
3
4
5
6
7
8
9
10
11
12

59

カンパニュラ

●キキョウ科
[Campanula]

カンパニュラはベル形や星形の花を開くので、ベルフラワーの英名でも親しまれている。特徴的な草姿で知られるメディウム種は釣り鐘形の花をたくさん咲かせるのでフウリンソウとも呼ばれている。星形の花を株一面に開く矮性種もある。

◀オトメギキョウ'ゲット・ミー'

分　類：1、2年草または多年草
花　期：4月中旬～7月
草　丈：10～100cm
原産地：ヨーロッパ、アジア、日本
別　名：ツリガネソウ

トラケリウム種'バーニス'

釣り鐘形の花が長い花穂（かすい）につくフウリンソウ

ラッデアナ種

カンパニュラはラテン語で「小さな鐘」の意味。花の形が語源です。日本にはホタルブクロやヤツシロソウなどが自生しています。

庭の花

キキョウのような花が咲き、葉がモモに似るのでモモバギキョウと呼ばれる

ホタルブクロのような花が横向きにつくラティフォリア種

ホタルブクロを大きくしたような青紫色の'サラストロ'

草丈が低く這(は)うように広がるので、鉢植えで育てられるフラギリス種

キンギョソウ

●ゴマノハグサ科
[Antirrhinum]

花に独特の芳香がある。花の形が金魚に似ているのでこの名前があるが、花筒の先端が平らに開いて5弁花のように見える咲き方もある。切り花に向く高性種(こうせいしゅ)、花壇に向く矮性種(わいせいしゅ)、下垂性で吊り鉢に向くものなど、多種多様なものが見られる。

◀斑入り(ふいり)葉種

分　類：1年草、多年草
花　期：4～6月
草　丈：20～100cm
原産地：地中海沿岸
漢字名：金魚草
別　名：スナップドラゴン

矮性種

高性種。独特の花形(はながた)が名の由来

赤花のキンギョソウ

花期
1
2
3
4
5
6
7
8
9
10
11
12

英名はスナップドラゴン。開いた花の口に虫が入った姿を獲物にかみつく竜の姿になぞらえました。

●キンポウゲ科
[Nigella damascene]

クロタネソウ

庭の花

糸状に細かく裂けた葉をつけた茎の先に、青や白、ピンクの花がふんわりと開く。花が咲き終わると風船のような果実が実り、裂けると中から黒い種子が出るのが名の由来。次々と開花して実を結ぶので、花と実が一緒に観賞できる。

球形に膨らんだ果実と青い花▶

分　類：1年草
花　期：5〜6月
草　丈：40〜80cm
原産地：南ヨーロッパ
漢字名：黒種草
別　名：ニゲラ

'アフリカンブライド'

ピンク花

白花

直立する茎がよく分枝して、先端に花を1つつける

花期
1
2
3
4
5
6
7
8
9
10
11
12

花弁(かべん)のように見えるのは萼片(がくへん)です。レース越しに見るような幻想的な花姿からイギリスでは「霧の中の恋」と呼んでいます。

庭の花

シャクヤク

●ボタン科
[Paeonia lactiflora]

花が木本のボタンによく似ているが、シャクヤクは草本で、冬に地上部が枯れるところが異なる。一重咲きから八重咲きまでさまざまな花形があり、草本類の中では群を抜く豪華さで、近年はボタンとの交配種もつくられさらに多彩になった。

◀ボタンとの交配種 'オリエンタルゴールド'

分　類：多年草
花　期：5〜6月
草　丈：60〜120cm
原産地：中国北部、シベリア、朝鮮半島北部
漢字名：芍薬
別　名：ピオニー、エビスグサ

翁咲き(おきなざき)の'面影'

'レッドチャーム'

花期
1
2
3
4
5
6
7
8
9
10
11
12

日本へはかなり古い時代に中国から薬用として渡来した

'暁'

江戸時代から品種改良が行われ、雄しべが細い花弁のようになって花の中心に集まった翁咲きなど、日本独特の花形が作られました。

64

●キク科
[Leucanthemum × superbum]

シャスタデージー

庭の花

ヨーロッパ産のフランスギクを基に日本産のハマギクなどを交配して、アメリカでつくられた園芸品種で、真っ直ぐに伸びた茎の先に大きな花を1つつける。花は、純白の花弁（かべん）と中心の黄色の対比が美しく、一重（ひとえ）のほか八重（やえ）咲きなどがある。

▶茎の先に純白大輪の花が開く

分　類：多年草
花　期：6～8月
草　丈：40～60cm
原産地：アメリカで育成された園芸種

'銀河'

常緑の葉

花時はもちろん、常緑なので冬の花壇もさびしくならない

花期
1
2
3
4
5
6
7
8
9
10
11
12

シャスタデージーの「シャスタ」とは、カリフォルニア州の万年雪に覆われたシャスタ山にちなんだものです。

65

シラン

●ラン科
[Bletilla striata]

暑さ寒さに強く、ランの仲間では最も強健種。手軽に栽培できることから、江戸時代から庭などに植えられている。シロバナシランやクチベニシラン、葉の縁に白い斑が入るフクリンシランなどがあり、いずれも細い花茎の先に花が数輪横向きに咲く。

◀花は下から順に咲きあがる

分　類：多年草
花　期：4～5月
草　丈：30～70cm
原産地：日本、台湾、中国
漢字名：紫蘭
別　名：ベニラン

斑入りシロバナシラン

青花シラン

花期
1
2
3
4
5
6
7
8
9
10
11
12　花数は多くないので、数株まとめて植えるとよい

日なたでも半日陰でもよく育ちます。欧米でも花壇に植えられたり、切り花としても利用されています。

●ナデシコ科
[Silene]

シレネ

庭の花

よく見かけるのはサクラソウに似た桃色の花をたくさんつける種類。ムシトリナデシコ（p249）の名で知られるアルメニカ種、矮性種(わいせいしゅ)で花が終わる頃になると萼(がく)が袋状に膨らむペンジュラ種、園芸品種の数も多いデイオイカ種などがある。

▶アルペストリス種の八重咲き(やえざき)品種

分　類：多年草、1年草
花　期：4〜6月
草　丈：10〜60cm
原産地：地中海沿岸地域
別　名：フクロナデシコ、
　　　　レッドキャンピオン

ユニフローラ種

ペンジュラ種

英名はレッドキャンピオン。花の大きな交配種がよく見られる

シレネはギリシャ神話の酒神バッカスの養父・シレヌスが語源。花茎(かけい)についた粘液を泥酔して泡を吹いた様子に見たてました。

花期
1
2
3
4
5
6
7
8
9
10
11
12

67

スイートピー

●マメ科
[Lathyrus odoratus]

スイートピーは英名で、「香りのよいエンドウ」という意味で、草姿も花も野菜のエンドウによく似ている。17世紀にシチリア島で発見されて以来、品種改良が進み、草丈や開花期の異なるたくさんの品種が誕生し、吊り鉢に適したものまである。

◀宿根(しゅっこん)性タイプ

分　類：1年草
花　期：4〜6月
草　丈：30〜200cm
原産地：イタリア（シチリア島）
別　名：ジャコウレンリソウ、ジャコウエンドウ

矮性種(わいせいしゅ)

'ミッドナイト'

蔓性(つるせい)なのでフェンスなどにからませて楽しむ

花色(はないろ)が豊富で、甘い香りを漂わせ、チョウが飛び立つような花姿(かし)で人気があります。切り花はほぼ一年中店頭に並びます。

●フウロソウ科
[Pelargonium zonale hybrids]

ゼラニウム

庭の花

ベランダや窓辺を華やかに飾る鉢花の一つで、花色が豊富で一重や八重咲きがある。気温が下がると葉の発色がより美しくなる斑入り葉の品種や、星形で光沢のある葉をつけ、枝が伸びて枝垂れるようになるアイビーゼラニウムなどもある。

花茎（かけい）の先に花がかたまってつく'あつひめ' ▶

分　類：多年草
花　期：4〜11月
草　丈：20〜50cm
原産地：南アフリカ
別　名：テンジクアオイ、
　　　　ツタバゼラニウム
　　　　（アイビーゼラニウム）

アイビーゼラニウム

斑入り葉の品種

星咲きゼラニウム

四季咲き性の性質で、適温であればほぼ年間を通して咲く

花期
1
2
3
4
5
6
7
8
9
10
11
12

一般にゼラニウムと呼ばれていますが、正式な学名はペラルゴニウムです。雨の当たらない窓辺などで管理するのが理想です。

69

ドイツアザミ

●キク科
[Cirsium japonicum]

なぜかドイツアザミの名が付いているが、ドイツとは関係がなく、日本に自生するノアザミから改良された園芸種で、江戸時代に誕生した。野生種より花が大きく、花色(はないろ)が豊富で、花つきがよいのが特徴。切り花や花壇に利用されている。

◀トゲは軟らかく扱いやすい

分　類：多年草
花　期：5〜8月
草　丈：50〜100cm
原産地：日本
漢字名：ドイツ薊
別　名：ハナアザミ

ピンクの花

すらりとした草姿(そう し)で花壇のアクセントに最適

紫紅色の花

代表的な品種の「寺岡アザミ」の名前で切り花が出回ります。花の直径が7〜8cmもある大輪品種もあります。

● ユリ科
[Convallaria majalis]

ドイツスズラン

庭の花

高原に咲く日本原産のスズランもあるが、よく見かけるのは、大きめの花を葉の上に咲かせるドイツスズランである。日本産のスズランより全体に大きく、花の香りも強く、世界中で愛されている。ピンク花や八重咲き、葉に斑が入るものもある。

淡いピンクの花を咲かせるもの▶

分　類：多年草
花　期：5月
草　丈：20〜30cm
原産地：ヨーロッパ
漢字名：ドイツ鈴蘭

縞斑種（しまふ／しゅ）

赤い実は猛毒

花が葉の上に出て咲き、よい香りを放つ

花期
1
2
3
4
5
6
7
8
9
10
11
12

ヨーロッパでは「五月祭」に欠かせない花で、フランスでは5月1日にスズランの花束を贈る風習があります。

71

ナデシコ

●ナデシコ科
[Dianthus]

●●●●○⌘

ナデシコはダイアンサスの名でも知られ、通常、カーネーション以外のナデシコの仲間をこの名で呼んでいる。草丈の高いもの、這うように育つものなど多くの園芸品種がある。花の多くは一重咲きだが、花の色や形がバラエティーに富んでいる。

◀銀白色の葉が特徴のタツタナデシコ

分　類：1年草、多年草
花　期：4～6月、9～11月
草　丈：20～60cm
原産地：アジア、ヨーロッパ、地中海沿岸、北アメリカ
漢字名：撫子
別　名：ダイアンサス

ビジョナデシコ

'やまとなでしこ七変化'

花色が豊富で、群植すると見事なダイアンサス

交配種

ナデシコといえば日本では秋の七草の一つであるカワラナデシコを指すが、現在、この花が交配の親になって新品種が誕生しています。

● クマツヅラ科
[Verbena]

バーベナ

庭の花

サクラの形をした美しい花を咲かせるビジョザクラと呼ばれるグループは1年草で、茎の先にたくさんの花が半球状にまとまって咲く。茎が這うように伸びて晩秋の頃まで花を咲かせる宿根バーベナと呼ばれるものもよく見かける。

花色(はないろ)が豊富なビジョザクラ▶

分　類：1年草、多年草
花　期：4月中旬〜9月
草　丈：10〜100cm
原産地：中央〜南アメリカ
別　名：ビジョザクラ(1年草)、
　　　　ヒメビジョザクラ(多年草)

宿根タイプ'はなび'

宿根タイプ'ニューライラック'

シュッコンバーベナ

宿根タイプの'花手毬(はなてまり)'は夏から秋遅くまで花が咲き続ける

花期
1
2
3
4
5
6
7
8
9
10
11
12

宿根バーベナには匍匐性(ほふくせい)のほかに、たくさんの枝が分かれて立ち上がって花を咲かせる高性種(こうせいしゅ)のシュッコンバーベナもあります。

73

ヒナゲシ

●ケシ科
[Papaver rhoeas]

薄紙を揉んで作ったような美しい花を咲かせる。全体にまばらに毛があり、やさしい花色の4枚の花弁は外側の花弁が内側の花弁より大きく、花茎に葉がつくのが特徴。中国史上の三大美女の一人の名「虞美人」が当てられ、虞美人草ともいう。

◀花弁に黒い斑(ふ)が入る'ピエロ'

分 類：1年草
花 期：4〜6月
草 丈：50〜80cm
原産地：ヨーロッパ中部
漢字名：雛罌粟
別 名：グビジンソウ、シャーレーポピー

群生(ぐんせい)するヒナゲシ

やさしい色合いが春〜初夏の花壇を引き立てる

底白花(そこじろばな)

夏目漱石の小説「虞美人草」は、散歩の途中で心を引かれて買った花の名を花屋さんに尋ね、題名に決めたそうです。

●タデ科
[Persicaria capitata]

ヒメツルソバ

庭の花

赤みを帯びた茎が横にぐんぐんと伸びて地面を覆い、真夏を除いて春から晩秋まで、小さなピンクの花が集まって丸くなって咲く。楕円形の小さな葉の表面に紫褐色のV字形の模様があるのが特徴で、寒くなると赤く色づいて美しい。

花もちがよく1週間以上咲いている▶

分　類：多年草
花　期：5～7月、9～11月
草　丈：10cm前後
原産地：ヒマラヤ地方
漢字名：姫蔓蕎麦

斑入り(ふいり)種

夏の葉

庭木の下や通路のわきなどで、旺盛に育つ姿を見かける

花期
1
2
3
4
5
6
7
8
9
10
11
12

高温や乾燥に強いので、雑草化するほど丈夫です。地上部が枯れても、霜に当たらない暖かい場所では春先にまた芽が出てきます。

75

ブルーデージー

●キク科
[Felicia amelloides]

よく見かけるのは花径3～4cmの青花(あおばな)。花の中心の黄色と澄んだ青い花弁(かべん)のコントラストが鮮やかな美しい花で、長い花柄(かへい)の先に1つずつ咲く。葉に淡黄色の斑(ふ)が入るもの、細い葉をつけるもの、白花などもあり、春ほどではないが秋も開花する。

◀鉢植えの細葉種

分　類：多年草
花　期：3～6月、9月～10月
草　丈：20～40cm
原産地：南アフリカ
別　名：ルリヒナギク

斑入り葉種の青花

昔から栽培されているアメロイデス種の青花

斑入り葉種の白花

ブルーデージーは英名で花色(はないろ)と花形(はながた)から名付けられました。和名はルリヒナギク。夏の暑さにやや弱いので、鉢植えで楽しみます。

◉ハナシノブ科
[Phlox drummondii]

フロックス・ドラモンディ

庭の花

切り花に向く高性種(こうせいしゅ)と花壇や鉢植えにむく矮性種(わいせいしゅ)があり、枝先に鮮やかな色合いの花が密について、茎や葉を覆って華やかに咲く。花形(はながた)は、スターフロックスと呼ばれる花弁の先が切れ込む星咲き系と、花弁(かべん)の先が丸くなる丸弁系がある。

花弁の先が尖った星咲きの園芸品種▶

分　類：1年草
花　期：5～6月
草　丈：20～60cm
原産地：北アメリカの
　　　　テキサス州
別　名：キキョウナデシコ

矮性種の丸弁花

高性種の丸弁花

草姿(そう)がよくまとまって、晩春から初夏の花壇を飾る

花期
1
2
3
4
5
6
7
8
9
10
11
12

フロックスはギリシャ語の「炎」という意味です。原産地の自生種の赤い花色(はないろ)からきているといわれています。

77

ペラルゴニウム

●フウロソウ科
[Pelargonium × domesticum]

●●●○⌘

花期の長いゼラニウム（p69）の仲間だが、春から初夏にかけて開花する一季咲きが特性で、豪華で艶やかな花が咲く。5枚の花弁のうち上の2枚に濃い色の斑模様が入るものや、花の中心に斑紋の入るもののほか、芳香のある品種もある。

◀通称はパンジーゼラニウム

分　類：多年草
花　期：4〜6月
草　丈：20〜60cm
原産地：南アフリカ
別　名：ナツザキテンジクアオイ

ミニペラルゴニウム

'ジャイアントバタフライ'

雨に当たると花が傷むので地植えより鉢植えに向く

'ジョイ'

花期
1
2
3
4
5
6
7
8
9
10
11
12

ペラルゴニウムはギリシャ語でコウノトリの意味で、果実がコウノトリのくちばしに似ているためです。

● キク科
[Argyranthemum frutescens]

マーガレット

庭の花

日本へは明治期に渡来。シュンギクに似て大きく育つと枝や茎が木のようになるのでモクシュンギクの和名がある。本来は純白の一重(ひとえ)咲きだが、黄色やピンクの花色(はないろ)もあり、華やかな雰囲気の八重(やえ)咲きや、花の中心部が盛り上がる丁子(ちょうじ)咲きもある。

◀中心部の筒状花が密に咲く丁子咲き

分　類：多年草
花　期：11〜6月
草　丈：20〜80cm
原産地：カナリア諸島
別　名：モクシュンギク

清楚な一重咲き

'サマーメロディー'

'彩(いろどり)'

白い花はどんな花色ともマッチして花壇を飾る

花期
1
2
3
4
5
6
7
8
9
10
11
12

マーガレットは、ギリシャ語のマルガリテース(真珠)に由来する言葉です。切り花としても人気があります。

79

マツバギク

◉ツルナ科
[Lampranthus spectabilis]

赤や黄色のきらきらと輝く花を株を覆うように咲かせる。雨天や曇天では花が開かないが、陽光を受けて一斉に開く様子は息を呑むほどの美しさがある。乾燥に強いので、石垣の上から垂れ下がるように咲いているのがよく見られる。

◀鉢植えのマツバギク

分　類：多年草
花　期：5〜6月
草　丈：10〜15cm
原産地：南アフリカ
漢字名：松葉菊

黄花種

オレンジ花種

多肉質の茎葉(けいよう)が横に広がり、金属光沢のある花を開く

マツバギクと見間違えるデロスペルマ(p162)がありますが、こちらは耐寒マツバギクと呼ばれる別属の植物です。

●キク科
[Miyamayomena savatieri]

ミヤコワスレ

庭の花

日本の山野に生育するミヤマヨメナから改良された園芸種で、簡素な美しさが好まれ徳川時代から栽培されている。白、紫、ピンクなどの花色(はないろ)の品種があるが、よく見かけるのは濃紫色で、この色が最も好まれているように思われる。

"明るい日陰"の庭を彩る花▶

分　類：多年草
花　期：4月下旬〜6月
草　丈：20〜50cm
原産地：日本
漢字名：都忘れ
別　名：ミヤマヨメナ

'江戸紫'

'浜乙女'

素朴で控えめな印象の花で、江戸時代から親しまれている

花期
1
2
3
4
5
6
7
8
9
10
11
12

鎌倉時代前期、佐渡へ流された順徳院がこの花を見て「心が和み、都の栄華を忘れることができる」と語ったことが名の由来です。

81

ムスカリ

●ヒアシンス科（ユリ科）
[Muscari]

青や白の小さなベル形の花を茎の先に穂状に連ねて下から順に咲いていく。最もよく見かける紫がかった青い花をつけるアルメニアクム種はこの仲間の代表で、ブドウムスカリの和名がある。八重（やえ）咲きや2色咲き、芳香を放つものもある。

◀珍しい空色の'バレリーフィニス'

分　類：球根
花　期：3〜5月
草　丈：5〜25cm
原産地：ヨーロッパ、地中海沿岸など
別　名：グレープ・ヒアシンス

'オーシャンウェーブ'

'ピンク・サンライズ'

花期
1
2
3
4
5
6
7
8
9
10
11
12

群生（ぐんせい）させた"ムスカリの川"を見かける

花房の形がブドウの房のように見えるので、グレープ・ヒアシンスの英名があります。

●キク科
[Centaurea]

ヤグルマギク

庭の花

全体が白色の綿毛に覆われ茎の先に花が1つ開く。鯉のぼりの竿の先を飾る矢車に似た一重咲き(ひとえざ)と派手な八重咲き(やえざ)があるが、よく見かけるのは八重咲きの品種。花弁(かべん)が細かく裂けて繊細な'スイートサルタン'、黄花種の'イエローサルタン'もある。

花が矢車型の一重咲き▶

分　類：1年草
花　期：4～6月
草　丈：30～120cm
原産地：ヨーロッパ、中近東
漢字名：矢車菊
別　名：セントーレア、ヤグルマソウ

'ブラックボール'

'スイートサルタン'

'イエローサルタン'

美しい青花の高性種(こうせいしゅ)は遠くからでもよく目立つ

花期
1
2
3
4
5
6
7
8
9
10
11
12

日本へは明治期に渡来しましたが、エジプトでは古代から栽培され、ツタンカーメン王の棺の中から発見されています。

ラークスパー

●キンポウゲ科
[Consolida ambigua (ajacis)]

羽状に細かく裂けた葉をつけた細い茎が直立し、長い花穂(かすい)にピンクやブルー、白、紫、紅色などの花をたくさん咲かせる。花は萼片(がくへん)と花弁(かべん)が同じ色で、萼片の1枚が花の後ろに突き出て長い距(きょ)になるのが特徴。一重(ひとえ)と八重咲き(やえざき)がある。

◀ 'ローズスパイヤー'

分　類：1年草
花　期：5月
草　丈：30〜90cm
原産地：ヨーロッパ南部
別　名：チドリソウ、ヒエンソウ

高性種の青花

高性種の赤花

群植(ぐんしょく)して集合美を楽しむ高性の八重咲きの品種

ラークスパーは英名で、ヒバリの蹴爪(けづめ)という意味。花の後ろに突き出ている角状の距を鳥の脚にある蹴爪に見立てた名前です。

●ゴマノハグサ科
[Linaria]

リナリア

庭の花

よく見かけるのは交配によって生まれた1年草の園芸品種。やさしい草姿に似ず、丈夫で、地面に落ちたタネからも発芽して毎年花を咲かせる。ほかに、落ち着いた花色で、素朴な味わいのプルプレア種は多年草で、初夏から秋にかけて開花する。

キンギョソウに似た花で、長い距（きょ）がある▶

分　類：1年草、多年草
花　期：4月中旬〜6月
草　丈：30〜70cm
原産地：北アフリカ、
　　　　南ヨーロッパ
別　名：ヒメキンギョソウ

グッピー系の白花

プルプレア種

1年草のマロッカナ種の園芸品種は花色が豊富

花期
1
2
3
4
5
6
7
8
9
10
11
12

キンギョソウ（p62）に似たごく小さな花を穂状に咲かせるので「姫金魚草」の和名がありますが、キンギョソウの仲間ではありません。

リビングストンデージー

●ツルナ科
[Dorotheanthus bellidiformis]

地面を這うように広がり、金属光沢のあるカラフルな花が株を覆うように多数咲く。花には中心に模様が入って蛇の目傘のように見える品種と、模様が入らないものがあり、太陽の光を浴びて開き、日没とともに閉じる性質がある。

◀市販されるポット苗

分　類：1年草
花　期：4～6月
草　丈：10～15cm
原産地：南アフリカ
別　名：ベニハリ、ドロアンサス

蛇の目模様がない品種

蛇の目模様が入る品種

陽光を受けて咲きそろう様子はとても美しい

リビングストンデージーは英名です。比較的歴史が浅い植物で、日本へは昭和10年に導入されました。

●マメ科
[Lupinus]

ルピナス

庭の花

手のひら状の独特な葉の間から花穂が直立して、蝶形の花が咲きあがる。フジを逆さまにしたような花姿なので「昇り藤」の別名もある。よく見かける、雄大な花穂が特徴のラッセル・ルピナスには、草丈40cmほどの矮性種ミナレット系もある。

▶矮性種のミナレット系

分　類：1, 2年草、多年草
花　期：5～6月
草　丈：40～150cm
原産地：北アメリカ～
　　　　南アメリカ
別　名：ノボリフジ、
　　　　ハウチワマメ

カサバルピナス

'テキサスマローン'

長い花穂と豊富な花色（はないろ）を持つラッセル・ルピナス

花期
1
2
3
4
5
6
7
8
9
10
11
12

名はラテン語で「狼」という意味。土地を選ばずどんな荒地でもはびこる様を、狼の貪欲さに例えたものといわれています。

87

ロベリア

●キキョウ科
[Lobelia]

よく見かけるのは、エリヌス種から改良された品種で、半球状にこんもりと茂り、径1cmほどの花が1ヵ月以上も咲き続ける。茎が這うように長く伸び、宿根ロベリアと呼ばれるリチャードソニー種や茎が立ち上がるバリダ種などもある。

◀花弁(かべん)に白い斑(ふ)が入るものが多い

分 類：1年草、多年草
花 期：4～6月、6～10月
草 丈：10～60cm
原産地：南アフリカ
別 名：ルリチョウソウ、
　　　　ルリミゾカクシ

宿根ロベリア'ブルースター'

草丈10～15cmの矮性(わいせい)のエリヌス種を多く見かける

バリダ種

青紫の小さな蝶のような花を咲かせるので、ルリチョウソウとかルリチョウチョウなどと呼ばれています。

●バラ科
[Fragaria vesca]

ワイルドストロベリー

庭の花

赤い小さな実にはよい香りがあり、ジャムやケーキに利用され、ヨーロッパや北アメリカでは古くから親しまれている。蔓を伸ばさず、次々と花を咲かせて美味しい実をつける品種が人気。ほかに、黄金葉の品種もあり、花壇の彩りに使われる。

開花後1ヵ月程度で実が熟す▶

分　類：多年草
花　期：4月下旬〜6月、9月下旬〜10月
草　丈：10〜20cm
原産地：ヨーロッパ、西アジア、北アメリカ
別　名：エゾヘビイチゴ、ウッドストロベリー

白実種'ホワイト'

黄金葉の園芸品種

可愛らしい花が次々と咲き、ガーデニングの素材としても人気

花期
1
2
3
4
5
6
7
8
9
10
11
12

イチゴに比べて小粒ですが、真夏と真冬を除いて花が咲き、次々と実をつけます。実も楽しめるグラウンドカバープランツです。

アガパンサス

●ネギ科（ユリ科）
[Agapanthus]

ツヤのある肉厚の葉がクンシランに似ていて、紫色の花を咲かせるので、ムラサキクンシランの和名がある。梅雨の頃から、すらりと伸びた茎の先に涼しげな小花を多数つける。よく見かけるのは、アフリカヌス種で、筒状の花が横向きに咲く。

◀矮性種（わいせい しゅ）の'ピーターパン'

分　類：多年草
花　期：6〜9月
草　丈：30〜100cm
原産地：南アフリカ
別　名：ムラサキクンシラン

アフリカヌス種

日当たりのよい場所では大株に育って、よく花が咲く

斑入り（ふい）葉の園芸品種

アガパンサスは、ギリシャ語のアガペ（愛）とアントス（花）が語源で、愛らしい花という意味です。

●キク科
[Achillea]

アキレア

庭の花

ノコギリの歯のようなギザギザした葉をつけるので和名はノコギリソウ。園芸的に扱われて、よく見かけるのは豊富な花色(はないろ)のヨーロッパ原産なので、一括して学名のアキレアで呼ばれている。小さな花が集まってパラソルが開いたように咲く。

花の基本の色は白色▶

分　類：多年草
花　期：5〜8月
草　丈：40〜120cm
原産地：ヨーロッパ、西アジア
漢字名：鋸草
別　名：ノコギリソウ、ヤロー

フィリペンドゥリナ種

ミレフォリウム種　　花の色は濃いものから薄いものまで多彩

花期
1
2
3
4
5
6
7
8
9
10
11
12

アキレアは古代ギリシャの医師・アキレウスの名にちなんだもの。トロイ戦争でこの植物を用いて兵士の傷を治したとされています。

91

庭の花

アクイレギア

●キンポウゲ科
[Aquilegia]

花弁のように見える萼片もその内側の花弁も5枚で、花の後ろに内側に曲がっている袋状の距をもつ独得の花形で、やや下向きに咲く。ヨーロッパ原産で園芸種のセイヨウオダマキは、草丈が高く花色が派手で、八重咲きなど花形も多彩。

◀日本に自生するミヤマオダマキ

分　類：多年草
花　期：5〜6月
草　丈：20〜80cm
原産地：北半球の温帯、南アメリカ
別　名：オダマキ、セイヨウオダマキ

八重咲き種

巨大輪・マッカナジャイアント

カナダオダマキ

花期
1
2
3
4
5
6
7
8
9
10
11
12

大株に育つと見ごたえがあり、一段と存在感が増す

日本の山地に自生するミヤマオダマキは、草丈が低く、山野草として親しまれています。

八重咲きの園芸品種。八重咲き種は花の後ろに距（きょ）をもたない

萼と花弁が同じ色の一重咲き（ひとえざき）園芸品種

コラム

ロックガーデンでよく育つ

　山野草をできるだけ自然に近い状態で育てるために、石や砂礫土（れきど）などを利用してつくられた花壇がロックガーデンです。蒸れにくく、通気がよいので、高温多湿を嫌う山野草に適した環境です。

　植物園にあるような本格的なロックガーデンではなく、簡単につくられたロックガーデン風の花壇もあります。散歩の途中でロックガーデンを見つけたら足を止めてみてください。

アスター

庭の花

●キク科
[Csllistephus chinensis]

江戸時代から栽培され、切り花はお盆や秋のお彼岸などに欠かせない花になっている。株元から何本も枝分かれするタイプと、茎の上部が枝分かれするスプレータイプがあり、よく見かけるのは高性の一重や八重咲き種だが、矮性種もある。

◀一重咲きの品種

分　類：1年草
花　期：6～8月
草　丈：20～60cm
原産地：中国
別　名：エゾギク、サツマギク

ステラ系アスター

落ち着いた花色(はないろ)が多く、八重咲き系をよく見かける

変わり咲きアスター

英名のチャイナアスターから、アスターと呼んでいますが、これは通称名です。現在はカリステファス属になっています。

94

●ツリフネソウ科
[Impatiens walleriana]

インパチェンス

庭の花

ホウセンカの仲間だが、ホウセンカと違って、葉の上で次々と花を開くのでよく目立つ。最近は、夏の暑さ耐えて晩秋まで絶え間なく花をつけるサンパチェンスが注目されている。ほかに、室内で育てる鉢花のニューギニアインパチェンスがある。

◀ニューギニアインパチェンス

分　類：1年草、多年草
花　期：5〜10月
草　丈：20〜40cm
原産地：アフリカ北東部
別　名：アフリカホウセンカ

'スーパークラーチェリー'

フェスタ'サルサレッド'

サンパチェンス'サーモン'　初夏から晩秋まで休まず花を咲かせるサンパチェンス

花期
1
2
3
4
5
6
7
8
9
10
11
12

🌸 サンパチェンスは、二酸化炭素や二酸化窒素を吸収する能力が高いことが証明され、公園や小学校などで盛んに植えられています。

95

エリゲロン

●キク科
[Erigeron]

野草のハルジオン（p226）の仲間で、花もよく似ている。よく見かけるのはカルビンスキアヌス種。花の咲き始めは白で、だんだんとピンクを帯び、さらに赤に変わる。赤と白の花が混じって咲くことから、源平小菊とも呼ばれている。

◀石垣を好むカルビンスキアヌス種

分　類：多年草
花　期：5〜7月
草　丈：15〜80cm
原産地：北アメリカ西部
別　名：ヨウシュアズマギク、
　　　　ゲンペイコギク

'ピンクジュエル'

紅白の花が入り混じって咲くカルビンスキアヌス種

紫花の園芸品種

アメリカを中心に200種くらいあり、日本にもアズマギクが自生しています。切り花用の園芸品種もあります。

●ケシ科
[Papaver orientale]

オリエンタルポピー

庭の花

高さ1m近くになる花茎の先に、径10cm以上の大きな花が上向きに開く。花弁の基部に黒い大きな斑点が入るものが多く、雄しべは紫黒色をしていてよく目立つ。ピンクやオレンジなどの花色もあるが、赤色の花のものが特別豪華に見える。

花弁は4～6枚でシワがある▶

分 類：多年草
花 期：5～6月
草 丈：50～100cm
原産地：西南アジア
別 名：オニゲシ

'カーリーロックス'

'ローマニア'

オニゲシの名にぴったりの赤い花がひときわ目立つ

花期
1
2
3
4
5
6
7
8
9
10
11
12

茎や葉に剛毛があり、"大きなケシ"の意味で、オニゲシともいいます。花は3～4日ほどで散ります。

97

庭の花

オルラヤ

●セリ科
[Orlaya grandiflor]

初夏の花壇でよく見かける花の1つで、純白の花がパラソルを開くように、次々とにぎやかに咲く。花の外側の花弁(かべん)が大きく、小花が集まった花のかたまりも大きくて立派。花色(はないろ)は白だけだが、最近は黄金葉の園芸種も見かけるようになった。

◀花の外側の花弁がひときわ大きい

分　類：1年草
花　期：5～6月
草　丈：30～70cm
原産地：ヨーロッパ
別　名：ホワイトレースフラワー

若苗(わかなえ)

花期
1
2
3
4
5
6
7
8
9
10
11
12　純白の花は涼しげで、次々開いて開花期が長い

アンミ属のレースソウ

この花は最近よく栽培されるようになりました。寒さに強く、こぼれたタネからも発芽して毎年花を咲かせます。

98

●アカバナ科
[Gaura lindheimeri]

ガウラ

庭の花

白い蝶が羽を広げて舞っているような花形から、ハクチョウソウとも呼ばれている。細く伸びやかな茎の先に小さな花が穂状について、風に揺れる姿が涼しげである。斑入り葉やピンク花の品種もあり、コンパクトな矮性種(わいせいしゅ)も登場した。

▶4枚の花弁(かべん)と長く突き出た雄しべ(おしべ)

分　類：多年草
花　期：5月中旬〜11月
草　丈：60〜100cm
原産地：北アメリカ
別　名：ヤマモモソウ、
　　　　ハクチョウソウ

'リリポップピンク'

ピンク花種

細長い花茎(かけい)に清楚な花をつけるナチュラルな姿が魅力

花期
1
2
3
4
5
6
7
8
9
10
11
12

ガウラはギリシャ語で「堂々たる、華麗な」という意味。美しい花が目立つことから名付けられました。

99

カスミソウ

●ナデシコ科
[Gypsophila]

カスミソウといえば普通は1年草のエレガンス種を指すが、宿根カスミソウもある。細かく分かれた枝いっぱいに白い小さな花がふんわりと咲き、霞が漂うように見える優雅さが魅力。ベイビーズブレス（赤ちゃんの吐息）という英名もある。

◀ 'ジプシーディープローズ'

分　類：1年草、多年草
花　期：5～7月、9月中旬～10月中旬
草　丈：50～120cm
原産地：ヨーロッパ～中央アジア
漢字名：霞草
別　名：ジプソフィラ

ピンク花の宿根カスミソウ

遠くから見ると春霞のように見えるのが名前の由来

エレガンス種

学名のジプソフィラはギリシャ語で「石灰を好む」という意味で、石灰質の地に自生していたことから名付けられました。

● サトイモ科
[Zantedeschia]

カラー

庭の花

茎の先にメガフォン形の花をつけるが、花のように色づく部分は総苞(ほう)で、その中の棒のようなものが本当の花。湿地を好む種類と畑地で育つ種類があり、水辺で見かけるのは白花だが、花壇で見かけるのはピンクや黄色の華やかなカラーである。

◀乾燥を好む畑地性の桃花種

分　類：球根
花　期：5〜9月
草　丈：30〜100cm
原産地：南アフリカなど
別　名：ザンテデスキア

'スクワーズワルダー'

'ブラックアイドビューティー'　湿地を好む白花のオランダカイウは、江戸末期に渡来した

花期
1
2
3
4
5
6
7
8
9
10
11
12

カラーは古い名前で、現在はザンテデスキア属です。英名の「カラ・リリー」は修道女の僧服のカラー（衿(えり)）をイメージしたものです。

101

カラミンサ

●シソ科
[Calamintha]

よく見かけるのは、淡い紫色を帯びた白やピンクの小さな花を咲かせるネペタ種。軟らかな茎に群がって咲き、ミントに似た芳香を放つ。真夏には花がまばらになるが、初夏から秋まで長く開花する。花が一回り大きなグランディフローラ種もある。

◀暑さに強いネペタ種

分　類：多年草
花　期：5月中旬〜10月
草　丈：30〜60cm
原産地：南ヨーロッパ、地中海沿岸地域
別　名：カラミント

愛らしい小花が株全体を覆うように咲く

シルバティカ種

グランディフローラ種

名はギリシャ語の「美しい」と「ミント」が組み合わされたものです。カラミントともいいます。

●ユリ科
[Hosta]

ギボウシ

庭の花

ギボウシの仲間は東アジア特産で、大部分は日本に自生しており、古くから庭などに植えられている。欧米では愛好者の団体があるほど人気があり、多くの園芸品種がつくられている。主に葉を観賞するが、下から咲きあがる花も愛らしい。

発芽の状態▶

分　類：多年草
花　期：6～9月
草　丈：10～120cm
原産地：東アジア
漢字名：擬宝珠
別　名：ホスタ

オオバギボウシ

コバギボウシ

さまざまなギボウシを植えたホスタガーデン

花期
1
2
3
4
5
6
7
8
9
10
11
12

暑さと強い光線を嫌い「日陰といえばギボウシ」と言われるほど、この草花は日当たりの悪い場所での庭作りでは重宝がられています。

103

クリヌム

●ヒガンバナ科
[Crinum]

ユリに似た漏斗状の美しい花を咲かせてひときわ目立つ。日本原産のハマユウもこの仲間である。よく見かけるのは、ムーレイ種などからつくられた品種やインドハマユウなどで、太い花茎の先に横や下向きに花を開く姿はボリューム感満点。

◀日本に自生するハマユウ

分　類：球根
花　期：6～9月
草　丈：50～100cm
原産地：南アフリカ、インドなど
別　名：クリヌム

インド原産で、ハマユウについでよく見かけるインドハマユウ

ムーレイ種'アルブム'

'エレン・ボサンケ'

ハマユウは関東以西の海浜に自生するほか、観賞用に植栽もされます。葉がオモトに似ているので、ハマオモトの名もあります。

●ケシ科
[Dicentra spectabilis]

ケマンソウ

庭の花

弧を描くように伸びる茎の先に、ハート形の花が一列に並んで咲く。咲いている花の形が、釣り竿にぶら下がっている鯛に見えるのでタイツリソウの別名がある。ほかに、高山植物のコマクサによく似た花をつける小型のハナケマンソウもある。

ハート形の花▶

分　類：多年草
花　期：4月中旬～6月中旬
草　丈：30～80cm
原産地：中国
漢字名：華鬘草
別　名：タイツリソウ

白花種

ハナケマンソウ

アーチ状になる花茎(かけい)に愛嬌のある花が下垂(かすい)する

花期
1
2
3
4
5
6
7
8
9
10
11
12

並んで垂れ下がった花姿が仏前に飾る道具の華鬘(けまん)に似ていることが名前の由来です。

105

庭の花

ゲラニウム

●フウロソウ科
[Geranium]

野草のゲンノショウコ（p273）や高山植物のアサマフウロなどの仲間で、モミジのような切れ込みのある葉をつけてこんもりと茂り、細い茎の先に可憐な花を咲かせる。よく見かけるのは、欧米で改良された花色や花形が豊富な品種である。

◀山草で知られるアサマフウロ

分　類：多年草
花　期：6〜8月
草　丈：10〜60cm
原産地：ヨーロッパ、アジア、北アメリカ
別　名：フウロソウ

クロバナフウロ

花期
1
2
3
4
5
6
7
8
9
10
11
12

株がこんもりと茂るサンギネウム・ストリアツム

'ジョンソンブルー'

冷涼な気候を好むので寒冷地ではよく見かけますが、最近は暖地向きの丈夫な品種も登場し、あちこちで見かける機会もふえました。

●キク科
[Coreopsis]

コレオプシス

庭の花

特定外来生物に指定され、栽培が禁止されたオオキンケイギク（p256）の仲間で、黄金色の花が次々と長期間咲く。糸のように切れ込んだ葉が特徴のイトバハルシャギクや、コレオプシスのイメージを変えたカラフルな花色（はないろ）をつける品種もある。

◀花弁（かべん）の基部が褐色のキンケイギク

分　類：1年草、多年草
花　期：5～8月
草　丈：30～80cm
原産地：北アメリカ
別　名：キンケイギク

'レモネードハーモニー'

イトバハルシャギク

暑さ寒さに強く、長い期間花を咲かせる八重（やえ）種と一重（ひとえ）種

花期
1
2
3
4
5
6
7
8
9
10
11
12

以前は、花の中心に模様が入り「蛇の目菊」の名を持つハルシャギクをよく見かけましたが、近年は多年草の品種が多くなりました。

107

サポナリア

●ナデシコ科
[Saponaria officinalis]

2cmほどの長い円筒形の萼の先に、5枚の花びらが横を向いて開き、初夏から秋の頃まで咲き続ける。よく見かけるのは一重咲きだが八重咲きもある。草姿がカスミソウに似たドウカンソウもサポナリアと呼ばれるが、別属で、仲間ではない。

◀八重咲き種

分　類：多年草
花　期：6〜8月
草　丈：40〜60cm
原産地：ヨーロッパ、北部アフリカ、西アジア
別　名：シャボンソウ

一重咲き種

サポニンを含み、もとは薬用植物として栽培された

属が違うドウカンソウ

サポナリアはラテン語で「石鹸」の意味。葉を水につけて揉むと石鹸のように泡立つのが名の由来です。

●ゴマノハグサ科
[Digiralis]

ジギタリス

庭の花

よく見かけるのは、1mを越す長い花茎(かけい)に、釣り鐘形の花が穂状に鈴なりに付いて、下から順に咲いていくプルプレア種で、花弁(かべん)の内側に大小の斑点模様がある。葉に薬用成分を含む薬草で、古くから栽培されているが、毒草でもある。

▶筒状の花の内側の斑紋(はんもん)

分　類：多年草
花　期：5〜6月
草　丈：60〜150cm
原産地：ヨーロッパ、
　　　　アジア西部、中部
別　名：キツネノテブクロ

オブスクアラ種

'ミルクチョコレート'

江戸時代にシーボルトによってもたらされたプルプレア種

花期
1
2
3
4
5
6
7
8
9
10
11
12

ジギタリスはラテン語で「指のような」という意味。袋状の花の形が指サックに似ていることが名の由来。英名はフォックスグローブ。

109

ジャーマンアイリス

●アヤメ科
[Iris × germanica]

庭の花

いろいろなアイリスを交雑して作られたジャーマンアイリスは、上と下の花弁（かべん）の色が異なるなど豊富な色彩で、アヤメの仲間では最も豪華。下の花弁の元にブラシのようなヒゲ状の突起があるので、「ヒゲアイリス」とも呼ばれている。

◀上下の花弁の色が異なる品種

分　類：多年草
花　期：5～6月中旬
草　丈：20～100cm
原産地：ヨーロッパ、西アジア
別　名：ドイツアヤメ

'キャンキャンルカ'

ミニ種

ゴージャスな花が咲きそろって見ごたえ十分

花期
1
2
3
4
5
6
7
8
9
10
11
12

アイリスは、ギリシャ神話の虹の女神・イリスに由来し、虹のようにさまざまの美しい色に咲くという意味です。

110

●キク科
[Senecio bicolor]

シロタエギク

庭の花

茎や羽状に切れ込んだ葉が、白いフェルト状の綿毛に覆われているのが特徴。葉の切れ込みが少ない品種や矮性(わいせい)の品種などがあるが、いずれも花より葉を観賞するため、茎の先に傘状に開く黄色の小さな花を見かけることはあまりない。

花は黄色▶

分　類：多年草
花　期：5月中旬～6月中旬
草　丈：15～50cm
原産地：地中海沿岸地方
漢字名：白妙菊
別　名：ダスティーミラー

'ダイヤモンド'

ピレスラム属'シルバーレース' 　葉に白い短い毛が密生して、1年中銀灰色の葉が楽しめる

花期
1
2
3
4
5
6
7
8
9
10
11
12

明治の末に渡来しました。英名をダスティーミラーといいますが、その意味は「粉まみれの粉屋さん」です。

111

シンバラリア

●ゴマノハグサ科
[Cymbalaria muralis]

庭の花

細い茎が地を這い、地面に接した節から根を出して広がり、花径が1㎝に満たない小さな花をつける。花はリナリア（p85）に似た唇形花で、春から霜の降りる頃まで途切れずに咲き続ける。淡紫色のほかに、青桃色や白花の園芸品種もある。

◀よく見かける花は淡青色（たんせいしょく）

分　類：多年草
花　期：5〜11月
草　丈：約3〜5cm
原産地：地中海沿岸〜西アジア
別　名：ツタガラクサ、コリセウムアイビー

'ホワイト'

冬には地上部が枯れるが、春にまた芽吹いて地面を覆う

果実は球形

花期
1
2
3
4
5
6
7
8
9
10
11
12

大正の初めに渡来し、山野草として普及しましたが、現在では野生化して街路樹の下や道端などでも見かけます。

112

●ナデシコ科
[Lychnis coronaria]

スイセンノウ

庭の花

全体が柔らかい灰白色の綿毛に覆われ、枝先に丸弁の花をつけ、初秋の頃まで次々と咲く。花にビロード状のツヤがあり、八重(やえざ)咲きの品種もある。丈夫で、こぼれたタネからも発芽し、道路際などで大株に育っているのを見かけることもある。

花弁(かべん)が丸い愛らしい花▶

分　類：多年草
花　期：5～8月
草　丈：30～60cm
原産地：南ヨーロッパ
漢字名：酔仙翁
別　名：リクニス、
　　　　フランネルソウ

2色咲き

白花

濃紅色のスイセンノウがよく目立つ花壇

花期
1
2
3
4
5
6
7
8
9
10
11
12

江戸時代末期に渡来しました。綿毛に覆われた姿を、毛織物のフランネルにたとえて、フランネルソウとも呼んでいます。

113

スイレン

●スイレン科
[Nymphaea]

温帯性種と熱帯性種があるが、よく見かけるのは温帯性種のほう。フランスの画家モネが好んで描いたスイレンもこの種で、花径が8〜15cmのものと、3〜5cmの小型のヒメスイレンがある。最近は鉢で育てられている熱帯性種も見かける。

◀花茎（かけい）が水の上に出て咲く熱帯スイレン

分　類：多年草
花　期：5〜10月
草　丈：30〜50cm
原産地：世界の熱帯〜温帯、寒帯地方
漢字名：睡蓮
別　名：ヒツジグサ

'アフターグロー'

'コロッセア'

ヒメスイレン

耐寒性の温帯性スイレンは昼咲きで、水面に浮かん咲く

スイレンは中国名の睡蓮の音読み。中国ではハスに似た花が夕方に閉じるようすから、「睡る蓮＝睡蓮」と名付けたのです。

● マツムシソウ科
[Scabiosa]

スカビオサ

庭の花

日本の山野に自生するマツムシソウの仲間で、高原の花のような印象がある。よく見かけるアトロプルプレア種やコーカシカ種は花が大きく、花色(はないろ)も派手だ。近年はキバナマツムシソウや、属が異なるアカバナマツムシソウなども見かける。

◀大輪で花弁(かべん)が広いコーカシカ種

分 類：1年草、多年草
花 期：5～10月
草 丈：20～120cm
原産地：ヨーロッパ、アジア、アフリカ
別 名：セイヨウマツムシソウ

'バーガンディボンネット'

'ドラムスティック'の実

アカバナマツムシソウ

長く伸びた花茎(かけい)の先に1輪ずつ咲いていく

花期
1
2
3
4
5
6
7
8
9
10
11
12

花の中心がだんだんと盛り上がり、針刺し（針山）のような形になることから、ピンクッション・フラワーの英名があります。

115

ストケシア

●キク科
[Stokesia leavis]

もうすぐ梅雨入りという頃に、細い花弁が重なった青紫色の花を咲かせる。花の色から瑠璃菊の和名があるが、白やピンクなどのさまざまな花色の品種がある。丈夫で、花期が長く、栽培が容易なことから人気があり、花壇でもよく見かける。

◀ピンク花種

分　類：多年草
花　期：6～9月
草　丈：40～60cm
原産地：北アメリカ
別　名：ルリギク

白花種

青花種

花径7cm前後の大きな花が初夏から晩秋まで咲いていく

ストケシアは、英国の植物学者のジョナサン・ストークスの名にちなんだもので、日本には大正初期に渡来しました。

●キンポウゲ科
[Delphinium]

デルフィニウム

庭の花

花がぎっしりとついたボリュームのある花穂は豪華で、見るものを圧倒する。花の色は青が基本で、英国の小説などでヒロインの瞳の色を「(この花の別名の)ヒエンソウの青」と形容したりする。矮性種から高性種まであり、一重と八重咲きがある。

白花の一重咲き▶

分　類：多年草
花　期：5〜6月
草　丈：30〜200cm
原産地：北半球の温帯
別　名：オオヒエンソウ

'マジックフォンテン'

'ミントブルー'

華やかで長い花穂をもつ高性種が植えられた花壇

花期
1
2
3
4
5
6
7
8
9
10
11
12

太い花穂に青や青紫色のたくさんの花を咲かせる華やかなデルフィニウムは、一度見たら忘れられない圧倒的な迫力があります。

117

トリトマ

●ツルボラン科（ユリ科）
[Kniphofia]

長い花茎（かけい）の先に筒状の花が下向きにたくさんつき、下から順に咲き上がる。ヒメトリトマは、蕾（つぼみ）のときはオレンジ色で開花すると黄色になる。花穂（かすい）の先端の深紅のつぼみと下方の黄色い花の2色が楽しめる大形種のオオトリトマもある。

◀ヒメトリトマのクリーム色花

分　類：多年草
花　期：5月中旬～11月中旬
草　丈：50～150cm
原産地：南アフリカ
別　名：シャグマユリ、トーチリリー

オオトリトマ

ヒメトリトマ

花は下から上に順に咲き、トーチリリーの英名がある

明治中期に渡来し、シャグマユリの和名があります。トリトマは古い名前で、現在はクニフォフィア属に分類されています。

● ゴマノハグサ科
[Torenia]

トレニア

庭の花

一見スミレに似た愛嬌のある花を秋遅くまで咲かせ、ナツスミレの名もある。花は筒の先が上2枚、下3枚に分かれた唇形花（しんけいか）で、近年、茎が匍匐（ほふく）する品種も見かける。涼しくなると葉が赤紫に色づき、夏とは違った風情で、花と紅葉が楽しめる。

よく見かけるフルニエリ種▶

分　類：1年草、多年草
花　期：5〜10月
草　丈：20〜30cm
原産地：東南アジア、アフリカ
別　名：ハナウリクサ、ナツスミレ

'ムーンシリーズ'

'ブルーインパルス'　　　ハンギングバスケットなどに利用される匍匐性の品種

花期
1
2
3
4
5
6
7
8
9
10
11
12

サラダの彩りなどに利用するエディブル・フラワー（食用花）のひとつ。ちなみに食用花としてはキンレンカ（p149）もよく知られています。

119

庭の花

トロリウス

●キンポウゲ科
[Trollius]

日本に自生するキンバイソウの仲間で、切れ込んだ葉をつけて輝くような黄金色の花を咲かせる。よく見かけるのは花の中央に立ち上がった線形の細い花弁（かべん）が並んで王冠のように見えるカンムリキンバイで、花弁のように見えるのは萼片（がくへん）。

◀カップ咲きのセイヨウキンバイ

分　類：多年草
花　期：5～6月
草　丈：40～90cm
原産地：北半球
別　名：洋種キンバイソウ

ボタンキンバイ

シナノキンバイ

花期
1
2
3
4
5
6
7
8
9
10
11
12　細長い花弁が目立ち、華やかさのあるカンムリキンバイ

トロリウスはドイツ古語の「丸い」に由来し、外側の花弁が内側の花弁を包むように咲くセイヨウキンバイの丸い花形（はながた）から付きました。

120

●アオイ科
[Abelmoschus manihot]

トロロアオイ

庭の花

真っ直ぐに伸びた茎の上部に、淡い黄色の大きな花をやや下向きに咲かせる。仲間に野菜のオクラがあるが、オクラ同様、花は朝開いて夕方にはしぼむ一日花(いちにちばな)。初秋のころまで次々と咲く。オクラとの交雑によって日本で誕生したノリアサもある。

花の中心部が濃い紫褐色(しかっしょく)になる▶

分　類：1年草、多年草
花　期：6〜9月
草　丈：150〜200cm
原産地：中国
別　名：オウショッキ、
　　　　花オクラ

オクラ

ノリアサ

花径10〜20cmになる大きな花が夏から秋に次々咲く

花期
1
2
3
4
5
6
7
8
9
10
11
12

根から抽出される粘液は「ネリ」と呼ばれ、和紙をすくときの糊料(こりょう)にされます。このとろとろした粘液が名の由来。

庭の花

ハナショウブ

●アヤメ科
[Iris ensata]

日本に自生するノハナショウブから改良された日本独自の園芸植物で、花が葉の上に出て咲く。江戸後期に多くの品種が誕生し、育成地ごとに江戸系、肥後系、伊勢系に大別されるが、近年は海外で誕生した品種も多く見かける。

◀花弁（かべん）は外側と内側に3枚ずつある

分　類：多年草
花　期：6月
草　丈：60～100cm
原産地：園芸種
漢字名：花菖蒲
別　名：ジャパニーズアイリス

'蜻蛉（せいれい）'

'待宵（まつよい）'

花弁を静かにたれ、しっとりと咲く姿は梅雨空によく似合う　'キンケイ'

東京葛飾の堀切菖蒲園は、ハナショウブ園の発祥の地。江戸の名所として浮世絵にも描かれています。

●ヒガンバナ科
[Habranthus]

ハブランサス

庭の花

花茎(かけい)の先に漏斗形(ろうとけい)の花が1輪、まれに2輪、斜め上を向いて開く。花は一日花(いちにちばな)だが、同じ球根から何度も花茎を立ち上げて咲くので、長く花が楽しめる。よく見かけるのは、白からピンクへ変化する花弁(かべん)のグラデーションが楽しいロブスタス種。

'ウルグアイピンク' ▶

分　類：球根
花　期：6～9月
草　丈：15～20cm
原産地：中央・南アメリカ
別　名：レインリリー

'チェリーピンク'

チュビスパツス種

花弁が白からピンクへと変化するロブスタス種

花期
1
2
3
4
5
6
7
8
9
10
11
12

ハブランサスはギリシャ語で「優雅な花」の意味。乾燥と高温の後に雨が降ると花が咲くことから、レインリリーともいいます。

123

ヒューケラ

●ユキノシタ科
[Heuchera sanguinea]

花よりも葉の色を楽しむ「カラーリーフプランツ」と呼ばれる植物で、緑やライムグリーン、ピンク、斑入り葉など、多数の園芸品種がある。よく見かけるツボサンゴは長い花茎（かけい）の上に真っ赤な壺（つぼ）形の花を穂状につけ、1カ月ほど咲き続ける。

◀ビローサ種 'キャラメル'

分　類：多年草
花　期：6〜9月
草　丈：30〜50cm
原産地：北アメリカ、メキシコ
別　名：ツボサンゴ、
　　　　コーラルベルズ

ツボサンゴ

'マーマレード'

常緑性で、周年美しい葉が楽しめ、日陰で育つものもある

葉色の美しさを楽しむカラーリーフプランツは、以前はシロタエギク（p111）程度でしたが、今では多くの種類を見かけます。

●シュウカイドウ科
[Begonia semperflorens]

ベゴニア・センパフローレンス

庭の花

強健種（きょうけんしゅ）で、たくさんの花をつけて春から霜の降りるころまで次々と咲き続けるので、花壇や鉢花でよく見かける。一重咲き（ひとえざ）のほか、花弁（かべん）が幾重にも重なって球状になる八重咲き（やえざ）や、葉がブロンズ色の品種、斑入り（ふい）葉の品種などもある。

花色（はないろ）を違えて群植（ぐんしょく）すると賑やか▶

分　類：1年草、多年草
花　期：5～11月中旬
草　丈：20～60cm
原産地：ブラジル
別　名：四季咲きベゴニア

斑入り葉の園芸品種

銅葉（どうば）の八重咲き園芸品種

緑葉（りょくば）の一重咲き園芸品種　　こんもりとした草姿（そうし）で花が咲くので、花壇の縁（ふち）取りに最適

花期
1
2
3
4
5
6
7
8
9
10
11
12

花壇や鉢花に利用されるポピュラーな草花。10℃以上の温度があればほぼ周年咲き続けるので、四季咲きベゴニアとも呼んでいます。

125

ペチュニア

●ナス科
[Petunia × hybrida]

日本の暑い夏でも花が咲き続ける人気の草花のひとつ。最大の欠点は、雨で花びらが傷みやすいことだったが、改良が進んで雨に強い品種も多数見かけるようになった。小輪の花をたくさんつけるタイプと大輪の花を咲かせるタイプがある。

◀丈夫なサフィニア'ブーケ'

分　類：1年草、多年草
花　期：5～11月中旬
草　丈：20～30cm
原産地：南アメリカの熱帯・温帯
別　名：ツクバネアサガオ

フラー系'ブルーベイン'

クッショニアシリーズ

フラー系'サーモン'

花色(はないろ)が豊富で、陽春から晩秋まで咲き続ける

日本はペチュニアの先進国で、雨に強いサフィニアをはじめ、日本でつくられた品種が世界中で栽培されています。

庭の花

小輪八重咲き(やえざき)の品種'パッション'

匍匐性(ほふくせい)の品種'クリーピア・マジェンタ'

黒花(くろばな)の品種'ピンストライプ'

属が違うが近縁種のカリブラコアもペチュニアの仲間として扱われている

ヘメロカリス

●ユリ科
[Hemerocallis]

東アジアに分布するキスゲやカンゾウの仲間を交配してつくった園芸品種を、一般にヘメロカリスと呼んでいる。ユリに似た花が夏中咲き続けるが、花は一日でしぼむので、英名はデイリリー。花径20cmの巨大輪から5cmほどの小花まである。

◀黄花の園芸品種

分　類：多年草
花　期：6〜8月
草　丈：30〜150cm
原産地：中国、日本、朝鮮半島
別　名：デイリリー

花は「一日花（いちにちばな）」だが次々と咲いて、1カ月以上楽しめる

'ブルーベリー・クリーム'

'ゴールデン・ゼブラ'

ヘメロカリスはギリシャ語のヘメラ（1日）とカロス（美）に由来した名前で、美しい花が一日でしぼむ特徴を表しています。

●ゴマノハグサ科
[Veronica]

ベロニカ

庭の花

立ち上がった茎に花穂(かすい)をつけるものやカーペット状に広がって、野草のオオイヌノフグリ(p202)に似た花を咲かせるものなど、多くの種類がある。花壇などでよく見かけるスピカータ種は花穂が短い直立性のタイプで、矮性種(わいせいしゅ)の人気が高い。

▶花が平らに開く這い性(ばいしょう)のベロニカ

分　類：多年草
花　期：4〜9月
草　丈：10〜80cm
原産地：ヨーロッパ、北アジア、
　　　　トルコ〜カフカス、
　　　　ウクライナ
別　名：スピードウェル

オーストリアカ種

オルナータ種（トウテイラン）　スピカータ種の矮性種 'ロイヤルキャンドル'

花期
1
2
3
4
5
6
7
8
9
10
11
12

英名のスピードウェルは花がすぐに散ることに由来しますが、花数が多く脇芽が咲くものも多いので、長い期間観賞できます。

ペンステモン

●ゴマノハグサ科
[Penstemon]

釣り鐘形や筒状の花が連なるように咲く。多くの種類があるが、花色(はないろ)が鮮やかなものは高温多湿の気候に弱い傾向がある。ヤナギチョウジの和名で知られるバルバタス種やジギタリス種は育てやすく、花茎(かけい)を何本も立ち上げた大株を見かける。

◀やさしい花色の園芸種

分 類：多年草
花 期：5〜7月
草 丈：30〜120cm
原産地：北アメリカ、東アジア
別 名：ツリガネヤナギ

バルバタス種

スモーリー種

花壇植えも多く見かけるようになった

夏に弱いため日本では冷涼地以外では普及しませんでしたが、比較的暑さに強い品種が出てからはよく見かけるようになりました。

●ツリフネソウ科
[Impatiens balsamina]

ホウセンカ

庭の花

日本へは元禄年間以前には渡来していたといわれ、高温多湿な日本の気候に合うので、古くから親しまれている。花が咲いた後にフットボール形の果実が実り、熟した果実に触れるとはじけて、種子が四方に飛び散ることでもよく知られている。

花の後ろに距（きょ）が突き出るのが特徴▶

分　類：1年草
花　期：6〜9月
草　丈：30〜40cm
原産地：インド〜東南アジア
漢字名：鳳仙花
別　名：ツマクレナイ、ツマベニ

八重咲き（やえざき）種

フットボール形の果実

暑い盛りの花を咲かせるので、花の少なくなる花壇で重宝する

花期
1
2
3
4
5
6
7
8
9
10
11
12

赤い花を摘んで花弁（かべん）をもみ、その汁で爪を染めたことから、爪紅（つまくれない・つまべに）とも呼ばれています。

庭の花

マリーゴールド　●キク科
[Tagetes]

夏空によく映えるオレンジや黄色の明るい花色(はないろ)と花期が半年間と長いことが特徴。花数の多い矮性(わいせい)のフレンチ種、大輪の花をつける高性(こうせい)のアフリカン種、両種の交配種のアフロフレンチ種がある。ほかに原種系のレモニー種などもある。

◀八重咲き(やえざき)のフレンチ系園芸品種

分　類：1年草、多年草
花　期：6〜11月中旬
草　丈：20〜100cm
原産地：中央アメリカ
別　名：クジャクソウ、マンジュギク

高性種のアフリカン系

花期
1
2
3
4
5
6
7
8
9
10
11
12

草丈が低いフレンチマリーゴールドをメインにした花壇

多年草のレモニー種

マリーゴールドには特有の臭気があり、病害虫予防の役割を果たすことでも知られ、野菜畑で見かけることもあります。

●ツユクサ科
[Tradescantia × andersoniana]

ムラサキツユクサ

人家のそばの空き地に野生化したものを見かけるほど丈夫な植物。大きな3枚の優雅な花弁（かべん）を広げ、その中心の黄色い雄（お）しべがよく目立つ。花は早朝に開いて午後にはしぼんでしまうが、毎日次々と咲いて梅雨の時期の庭を明るく彩る。

花弁は同形同大で雄しべが目立つ▶

分　類：多年草
花　期：6〜9月
草　丈：30〜80cm
原産地：北アメリカ
漢字名：紫露草
別　名：トラデスカンチア

'パープル＆ゴールド'

八重咲き（やえざき）'キュルレアプレナ' 　よく見かけるオオムラサキツユクサは花が大きい

花は一日花（いちにちばな）ですが、晴天で暑い日は昼頃に、曇りや雨の日は夕方にしぼみます。6〜7月は毎日次々と咲いていきます。

庭の花

花期
1
2
3
4
5
6
7
8
9
10
11
12

133

庭の花

メランポディウム
●キク科
[Melampodium]

花壇用に日本に導入されてからまだ10数年の新しい花壇用の草花だが、日本の気候に適応して今ではポピュラーな花になり、よく見かける。日向でも多少の日陰でもよく育ち、黄色い小輪花が晩秋の頃まで休まず咲き続ける。鉢植えに向く矮性種（わいせいしゅ）もある。

◀小型のヒマワリに似た花

分　類：1年草、多年草
花　期：6〜10月
草　丈：20〜40cm
原産地：熱帯アメリカ
別　名：メランポジウム

'メダイヨン'

'ミリオンゴールド'

花期
1
2
3
4
5
6
7
8
9
10
11
12
夏花壇向きの素材として注目され、盛夏も休まず咲き続ける

メランポジウムはラテン語で「黒い足」の意味で、茎が地際（じぎわ）（地面と接するところ）で黒くなることから名付けられました。

●シソ科
[Monarda]

モナルダ

庭の花

よく見かけるのは緋赤色の花を咲かせ、タイマツバナと呼ばれるディディマ種で、白やピンクの花を咲かせる園芸種もある。ほかにピンクの大きな苞葉と黄色の花が重なって咲くプンクタータ種、小型で桃色花のフィスツローサなどもある。

▶ タイマツの炎を思わせる花形(はながた)

分　類：多年草
花　期：6〜9月中旬
草　丈：60〜120cm
原産地：北アメリカ
別　名：タイマツバナ、
　　　　ベルガモット、
　　　　ヤグルマハッカ

プンクタータ種の園芸品種

フィスツローサ種

花形からタイマツバナと呼ばれるディディマ種

花期
1
2
3
4
5
6
7
8
9
10
11
12

四角い茎の先に真っ赤な花がかたまって咲き、松明(たいまつ)のような形なので、牧野富太郎博士がタイマツバナと命名しました。

135

ユリ

●ユリ科
[Lilium]

日本にはヤマユリやテッポウユリ、スカシユリなど15種のユリが自生し、これらの原種をもとに数多くの園芸品種が誕生している。よく見かける'カサブランカ'はヤマユリやタメトモユリなどの交配から作出（さくしゅつ）され、ユリの代名詞にもなっている。

◀ 'モナ・リザ'

分　類：球根
花　期：5〜8月
草　丈：20〜200cm
原産地：東アジアなど
漢字名：百合
別　名：リリウム

シャンデリアリリー

シロカノコユリ

'オレンジシャーベット'

上向きに花を開くスカシユリ系の交配種は賑やかに咲く

ユリは「揺り」の意味で、大きな花が風に揺れ動くことに由来した名前だといわれています。万葉集にも登場しています。

庭の花

オニユリは、オレンジ色の花弁(かべん)に褐色の斑点が入り、花弁が大きく反り返る

テッポウユリはラッパ形で、花弁がやや反り返る

日本特産のヤマユリ。花に黄色のラインと紅色の斑点が入り、甘い香りがある

「ユリの女王」と称賛される'カサブランカ'は、純白の大輪で強い香りがある

ユーコミス

●ヒアシンス科（ユリ科）
[Eucomis]

円柱状の太い花茎（かけい）に、星形に開く50以上の小さな花をびっしりつけて下から咲きあがる。花穂の先端に冠のように小さな苞葉（ほうよう）が束になって付いているユニークな花姿で、英名のパイナップルリリーが花穂の形をよく表している。

◀パイナップルに似た花姿

分　類：球根
花　期：7～8月
草　丈：40～70cm
原産地：中央・南アフリカ
別　名：パイナップルリリー

オータムナリス種

濃い赤紫色（あかむらさきいろ）の花を咲かせるコモサ種'トゥゲラルビー'　　コモサ種

ユーコミスはギリシャ語で「美しい髪の毛」という意味です。花穂の上に葉が出るユニークな姿から名付けられました。

●シソ科
[Lavandula]

ラベンダー

庭の花

銀色の葉をつけた茎の先に、青紫色の香り高い花を穂状に咲かせるイングリッシュラベンダーをよく見かける。花穂(かすい)の先にウサギの耳のような苞葉(ほうよう)をつけるフレンチラベンダーや細かく切れ込んだ葉が特徴のレースラベンダーなどもある。

爽やかな香りとともに花を開く▶

分　類：多年草
花　期：5〜7月
草　丈：30〜100cm
原産地：地中海沿岸、
　　　　北アフリカ、西アジア
別　名：ラバンドゥラ

イングリッシュラベンダー

レースラベンダー

花の形がユニークなフレンチラベンダーの花壇

花期
1
2
3
4
5
6
7
8
9
10
11
12

ラベンダーはラテン語の「洗う」が語源で、古代ローマ時代には浴槽に入れて香りを溶かしたといいます。

139

リシマキア

●サクラソウ科
[Lysimachia]

日本にも分布するオカトラノオ(p257)の仲間。地を這(は)うように広がり、葉が見えなくなるほど花を咲かせるヌンムラリア種、茎が立ち上がって星形の黄色い花を咲かせるプンクタータ種、花がうつむき加減に咲くシリアータ種などがある。

◀地面に広がるヌンムラリア種

分　類：多年草
花　期：5〜7月
草　丈：5〜90cm
原産地：北半球
別　名：ヨウシュコナスビ
　　　　（ヌンムラリア種）

シリアータ種

丈が伸びるにつれて次々と花が開いていくプンクタータ種　　アトロプルプレア種

暴走する牡牛をこの花を振って鎮めたという伝説をもつマケドニアの王リュシマコスの名にちなんで、リシマキアといいます。

140

● キク科
[Rudbeckia]

ルドベキア

庭の花

小さなヒマワリのような花が、暑さをものともせずに上向きに次々と咲く。1年草として扱われる'グロリオサデージー'は花径20cmになるものもあり、一重咲きと八重咲きがある。高性種で小輪の花を咲かせる'タカオ'もよく見かける。

独特の色合いの'グリーン・ウィザード' ▶

分　類：多年草、1年草
花　期：7～10月中旬
草　丈：30～150cm
原産地：北アメリカ
別　名：ハナガサギク、
　　　　アラゲハンゴンソウ

ヒルタ種'プレイリー・サン'

'チェロキーサンセット'

株いっぱいに花を咲かせる'タカオ'は、切り花でも人気

花期
1
2
3
4
5
6
7
8
9
10
11
12

各地で野生化しているオオハンゴンソウも同じ仲間ですが、自然環境を破壊する恐れがあるとされ、栽培が禁止されています。

アサガオ

●ヒルガオ科
[Ipomoea nil]

はじめは薬用として中国から渡来した。「源氏物語」や「枕草子」などにも登場してこの頃から庭にも植えられ、夏の朝の風物詩として欠かせない花になっている。最近はセイヨウアサガオとの交配によって午後まで咲いているものもある。

◀日の出前に咲き始め10時にはしおれる

分 類：1年草
花 期：7～9月
草 丈：20～200cm
原産地：熱帯アジア、熱帯アメリカ
漢字名：朝顔
別 名：ケンギュウカ

大輪種'浜の輝'

曜白(ようじろ)アサガオ'千秋'

セイヨウアサガオは丈夫で、ハート形の葉がよく茂る

リュウキュウアサガオ

旧暦7月の七夕の頃に咲くので、牽牛花(けんぎゅうか)とも呼ばれています。

庭の花

あんどん仕立てにされた鉢植えのアサガオ

日が長くても花をつけるアーリーコール

セイヨウアサガオの名で出回る'ヘブンリーブルー'は、涼しくなってから満開になる

桔梗咲き。風変わりな花を咲かせる「変化アサガオ」の中では育てやすい

アメリカフヨウ

●アオイ科
[Hibiscus moscheutos]

暑さに負けず、直径30cmくらいもあるインパクトのある美しい花を咲かせる。花は朝に開き、夕べに閉じる一日花(いちにちばな)だが、毎日新しい蕾(つぼみ)が開いてくるので、40〜50日は楽しめる。草丈も2m近くになり、遠くからでもよく目立つ。

◀ハイビスカスに似た花は一日花

分　類：多年草
花　期：7〜9月中旬
草　丈：80〜200cm
原産地：北アメリカ
漢字名：あめりか芙蓉
別　名：クサフヨウ

赤花の園芸品種

花期
1
2
3
4
5
6
7
8
9
10
11
12

大株に育って、梅雨明け頃から花を開いて存在感がある

'ディスコベル・ピンクバイカラー'

北アメリカ東部原産で、昭和初期に渡来しました。草花の園芸種の中では最も大きな花を咲かせることで有名です。

●ハナシノブ科
[Phlox paniculata]

オイランソウ

庭の花

真っ直ぐに伸びた茎の先に、半球状に花を咲かせる。キョウチクトウの花に似た花を咲かせる草なので、クサキョウチクトウという和名がある。一昔前は子どもたちが庭の片隅に植えられた花を摘みとって、鼻の頭に貼り付けて遊んだ。

夕方に花の香りが強く香る▶

分　類：多年草
花　期：6月中旬～9月中旬
草　丈：50～120cm
原産地：北アメリカ
漢字名：花魁草
別　名：宿根フロックス、
　　　　クサキョウチクトウ

斑入り（ふいり）葉の園芸品種

'ダーウィン・ジョイス'　盛夏の花の少ない時季に花壇を彩るオイランソウ

花期
1
2
3
4
5
6
7
8
9
10
11
12

花形（はながた）が花魁（おいらん）の髪型のようだから、あるいは花の香りが花魁の白粉の香りに似ているから、この名がついたそうです。

145

オシロイバナ

●オシロイバナ科
[Mirabilis jalapa]

コロンブスのアメリカ発見後にヨーロッパに移った植物の一つ。黒い種子の中身が白粉(おしろい)のような粉なので、この名があり、昔は子ども達が顔に塗って遊んだ。野生化するほど丈夫で、建物のわきや道端などで見かけることが多い。

◀黒い種子の中に白い粉が入っている

分　類：多年草、1年草
花　期：7〜10月
草　丈：60〜100cm
原産地：熱帯アメリカ
漢字名：白粉花
別　名：ユウゲショウ

花は漏斗状(ろうとじょう)

咲き分け品種

夕方にほのかに香る花を開くので、夕化粧(ゆうげしょう)ともいう

夕方4時頃から開き、翌朝9時頃に閉じます。英名の「フォーオクロック(午後4時)」は午後遅くなって開く夜開性にちなんだ名です。

●カンナ科
[Canna]

カンナ

庭の花

江戸時代に渡来したエキゾチックな花で、昔から親しまれている。花弁のように見えるのは、雄しべが変形したもので、本当の花弁は、萼の内側にある先の尖った細長い形のもの。3枚寄り添ってついている。葉の美しい銅葉や斑入りの品種もある。

◀品種改良のもとになったダンドク

分　類：球根
花　期：6〜10月
草　丈：40〜200cm
原産地：熱帯アメリカ
別　名：ダンドク

黄花の園芸品種

'ビューブラック'　　情熱的なオレンジの花と黄金の斑入り葉をもつ'ビューイエロー'

花期
1
2
3
4
5
6
7
8
9
10
11
12

栽培されているカンナはすべて園芸種で、19世紀の中頃にフランスで改良され、大輪の花を咲かせるようになりました。

147

キキョウ

●キキョウ科
[Platycodon grandiflorus]

野生種は秋咲きなのに、園芸種が初夏から咲くのは、夏にも花が見られるように改良されたからだといわれている。星形に開く花が横向きにつき、切り花向きの高性種からコンパクトな鉢植え向きの品種まであり、花色(はないろ)も紫のほか白、桃などがある。

◀膨らんだ蕾(つぼみ)から英名はバルーンフラワー

分 類	多年草
花 期	6～9月
草 丈	40～100cm
原産地	日本、朝鮮半島、中国東北部
漢字名	桔梗
別 名	バルーンフラワー

白花の品種

絞り咲き種の品種

秋の花のイメージがあるが、初夏から咲き始める

二重咲きの品種

万葉の歌人、山上憶良(やまのうえのおくら)の詠んだ秋の七草の「あさがほの花」はキキョウのことだと言われています。

●ノウゼンハレン科
[Tropaeolum majus]

キンレンカ

庭の花

花色が黄金色に似ていて、葉が蓮に似ているので金蓮花といい、ナスタチュームの英名でも親しまれている。霜の降りる晩秋の頃までラッパ状の花が次々と咲く。蔓が伸びる匍匐性の品種をよく見かける。斑入り葉の品種もある。

花は5弁花で、次々咲く▶

分　類：多年草、1年草
花　期：6〜11月
草　丈：20〜40cm
原産地：コロンビア、ペルーなど
漢字名：金蓮花
別　名：ナスタチューム

斑入り葉種

'エンジェル・ブレス'

垂れる性質があるので吊り鉢仕立てに最適

花期
1
2
3
4
5
6
7
8
9
10
11
12

葉や若い実を噛むとピリッとした辛味と香気がある。花とともにサラダなどにする、エディブルフラワーのひとつです。

149

グラジオラス

●アヤメ科
[Gladiolus]

グラジオラスには春咲きと夏咲きの系統があるが、単にグラジオラスといえば夏咲き種をさし、最もよく見かける。豊富な花色(はないろ)が魅力で、太い花茎(かけい)に10輪以上の迫力のある大輪花が穂状につく。春咲きの系統は草姿(そうし)が清楚で上品な雰囲気がある。

◀春咲き系 'モナリザ'

分　類：球根
花　期：6～8月
草　丈：50～120cm
原産地：南アフリカ
別　名：オランダアヤメ、トウショウブ

夏咲き系 'グリーンアイル'

古代ギリシャ・ローマ時代に既に栽培されていた

夏咲き系 'ウィンドソング'

花期
1
2
3
4
5
6
7
8
9
10
11
12

グラジオラスは、ラテン語で「小さな剣」の意味。葉の形から名付けられました。日本へは江戸末期にオランダから渡来しました。

●フウチョウソウ科
[Cleome spinosa]

クレオメ

庭の花

長い爪のある4枚の花弁（かべん）をもち、6本の雄しべ（お）が長く突き出た花が、真夏の夕方に芳香を漂わせて開き、翌日の昼過ぎにはしぼむ。白花や濃桃色、開花中にピンクから白に変わる園芸品種や矮性（わいせい）の品種があり、霜が降りる頃まで咲き続ける。

長い雄しべが突き出た花▶

分　類：1年草
花　期：6〜10月
草　丈：30〜100cm
原産地：カリブ海沿岸
別　名：フウチョウソウ、スイチョウカ

クレオメ・セルラタ

矮性種 'ハミングバード'

チョウが群がって飛んでいるように見える

花期
1
2
3
4
5
6
7
8
9
10
11
12

花の形が風に舞うチョウに似ているので「風蝶草（ふうちょうそう）」、「酔蝶花（すいちょうか）」とも呼ばれています。

151

クロコスミア

●アヤメ科
[Crocosmia]

モントブレチアの通称名でも親しまれている。剣状の葉の間から花茎を伸ばし、漏斗形の花を穂状につけてやや下を向いて咲く。濃いオレンジ色の花をよく見かけるが、赤みの強いもの、黄みの強いものなどもあり、鮮やかな花色が人目を引く。

◀花時には花穂(かすい)が垂れる

分 類	: 球根
花 期	: 6〜9月
草 丈	: 45〜150cm
原産地	: 熱帯アフリカ、南アフリカ
別 名	: ヒメヒオウギズイセン、モントブレチア

針金状の茎の先に花が2列につき、風で揺らぐ姿が好ましい

'コロンブス'

赤花と黄花の園芸品種

クロコスミアはギリシャ語で「サフランの香り」の意味。乾燥した花を湯に浸すとサフラン (p193) に似た香りがすることにちなんだものです。

●ヒユ科
[Celosia]

ケイトウ

庭の花

よく見かけるのは、花が半球状になるクルメケイトウと羽毛を束ねたような形になるウモウケイトウ（フサケイトウ）である。花のように見える部分は茎が変形したもので、実際の花はその下に密生しているが、2㎜ほどの小さな花なので目立たない。

花が細く長いヤリゲイトウ▶

分　類：1年草
花　期：6～11月
草　丈：15～100cm
原産地：熱帯アジア
漢字名：鶏頭
別　名：セロシア、カラアイ

ウモウケイトウ

'キャンドル'

日本で改良されたクルメケイトウは、花が半球状に丸まって咲く

古い時代に中国から渡来し、万葉集に「韓藍（からあい）」の名で登場しています。山部（やまべの）赤人（あかひと）はケイトウのタネをまいて育てる歌を詠んでいます。

花期
1
2
3
4
5
6
7
8
9
10
11
12

153

コリウス

●シソ科
[Plectranthus (Solenostemon)]

シソに似た葉に、赤や黄、紫などのさまざまな色彩が入ったカラフルな葉色が楽しめるほか、葉の縁(ふち)が波打つなど、葉の形も変化に富んでいる。日が短くなると、花穂(かすい)が伸びてシソの花によく似た小さな花を穂状にたくさん咲かせる。

◀葉が小型の'ときめきリンダ'

分　類：1年草、多年草
花　期：7〜10月
草　丈：20〜100cm
原産地：東南アジア、オーストラリア、アフリカ
別　名：ニシキソウ、キンランソウ

'摩天楼'

さまざまな葉色のコリウスを植えた夏の花壇

'ミカノピ'の花

コリウスの葉のカラフルな葉色を艶(あで)やかな織物の金襴(きんらん)や錦(にしき)に譬(たと)えて「金襴紫蘇(きんらんじそ)」、「錦紫蘇(にしきじそ)」の別名（和名）があります。

●ショウガ科
[Hedychicum]

ジンジャー

庭の花

人の背丈ほども伸びる茎の先に、エキゾチックな花を咲かせる。ジンジャーは英名のジンジャーリリーが省略されたもので、甘い香りの純白の花を咲かせるヘディキウム・コロナリウムを指す。食用の生姜もジンジャーというが属が違う別のもの。

芳香の強いコロナリウム種'白蘭'▶

分　類：多年草
花　期：7～9月
草　丈：70～200cm
原産地：マダガスカル、インド、東南アジア
別　名：ハナシュクシャ、ヘディキウム

'金閣'

'夕映え'

ふつうコロナリウム種をジンジャーと呼び、最もよく見かける

花期
1
2
3
4
5
6
7
8
9
10
11
12

🌸 コロナリウム種は黒船が来航した頃に日本へ導入されました。蝶のような花なので、バタフライリリーとも呼ばれています。

155

サルビア

●シソ科
[Salvia]

サルビアといえばかつては、萼も花弁も燃えるような緋赤色のブラジル原産のスプレンデンス種が一般的だったが、現在ではレウカンサ種、エレガンス種などの宿根性のサルビアも加わり、種類や品種を組み合わせると春から秋まで花が楽しめる。

◀筒状の細長い花は2、3日で落花する

分　類：多年草、1年草
花　期：5～11月
草　丈：5～15cm
原産地：世界各地
別　名：セージ

赤いサルビアとブルーサルビア（ファリナセア種）の花壇

コッキネア種

ファリナセア種

サルビアはラテン語で「健康である」の意味。薬効があることが名の由来で、生活に役立つハーブとして栽培されるものもあります。

庭の花

まっすぐに花茎(かけい)を伸ばして、春から初夏に穂状に花をつけるネモローサ種。さまざまな色の園芸品種がある

ビロード質の紅紫色の花を咲かせ、メキシカンブッシュセージと呼ばれるレウカンサ種

霜の降りる頃まで咲いているミクロフィラ種には、この頃よく見かける2色咲きの'ホットリップス'がある

葉にパイナップルのような香りがあるのでパイナップルセージとも呼ばれ、ハーブとしても知られるエレガンス種

ゼフィランサス

●ヒガンバナ科
[Zephyranthes]

雨の後にいっせいに花を咲かせる性質があり、ハブランサス（p123）とともにレインリリーとも呼ばれている。丈夫で花壇の縁取りなどにされる白花のカンディダ種、ピンクの大きな花を咲かせるグランディフロラ種をよく見かけます。

◀ピンク花のグランディフロラ種

分　類：球根
花　期：6～10月
草　丈：15～30cm
原産地：中央・南アメリカ
別　名：レインリリー

'サンアントーネ'

'シトリナ'

花期
1
2
3
4
5
6
7
8
9
10
11
12

丈夫で古くから栽培され、タマスダレの名もあるカンディダ種

ゼフィランサスはギリシャ語の「西風」と「花」に由来し、欧州から見て西方のアメリカから導入したという意味があります。

● ヒユ科
[Gomphrena]

センニチコウ

日本へは中国を経て江戸時代前期に渡来した。茎の先につく丸い球状の花は、苞(ほう)が発達して色づいたもの。堅くカサカサしている中から本当の小さな花がのぞく。草丈が高いキバナセンニチコウ'ストロベリーフィールド'もよく見かける。

色づいた苞は乾燥しても色があせない▶

分　類：1年草
花　期：7～10月
草　丈：15～50cm
原産地：熱帯アメリカ
漢字名：千日紅
別　名：ゴンフレナ

桃花の園芸品種

'ストロベリーフィールド'

花期の長いヒャクニチソウと組み合わせた花壇は長く楽しめる

名は中国名の千日紅の音読みです。樹木のサルスベリ（百日紅）よりも花期が長いから千日紅と名付けられたそうです。

庭の花

ダリア

●キク科
[Dahlia]

一重のシングル咲き、八重咲きで球形のポンポン咲きやボール咲き、花弁の先端が巻いたりよじれたりするカクタス咲きなど、花形のバリエーションが豊かで、3万を超える園芸品種が作り出されている。花を引き立てる銅葉の品種もある。

◀造形的なフォルムが美しい

分　類：球根
花　期：6月中旬〜7月、9〜11月
草　丈：15〜150cm
原産地：メキシコ〜コロンビア
別　名：テンジクボタン

シングル咲き'パープル'

ディコラティブ咲き

花期
1
2
3
4
5
6
7
8
9
10
11
12　秋になって気温が下がると花色が一段と冴え、深みも増すダリア

花の美しさを最初に認めたのは、ナポレオンの后ジョセフィーヌだそうです。日本へは江戸時代後期に渡来し、和名は天竺牡丹です。

庭の花

'ムーンファイヤー' はシックな銅葉種で、人気品種

タネから育てて草丈が 20cm くらいになる、鉢植え向きのダリアもある

コラム

晩秋に咲く巨大なダリア

　近年、注目を浴びている花の一つが「皇帝ダリア」です。球根をつくらないのが特徴で、太い茎が 3 m 以上の高さになる巨大なダリアですが、花を咲かせるには夜の長さと涼しさが必要なため、晩秋にならないと開花しません。

　このように日が短くならないと蕾（つぼみ）がつかない植物を短日植物といいます。近くに街路灯などがあると、日が短くなったと感じないので、花がつかないこともあるそうです。

デロスペルマ

●ツルナ科
[Delosperma]

属が異なるが、マツバギク（p80）の仲間に含まれる多肉植物。寒さに強いので耐寒マツバギクと呼ばれている。よく見かけるのはクーペリ種の'麗晃'で、日の当たる石垣の上や街路樹の下、道路際の植え込みの足元などに植えられている。

◀日光が当たると花を開く

分　類：多年草
花　期：5〜10月
草　丈：10cm
原産地：南アフリカ
別　名：耐寒マツバギク

エキナツム種'花笠'

花期
1
2
3
4
5
6
7
8
9
10
11
12

地を這(は)うように繁茂して霜の降りる頃まで花が咲き続ける'麗晃'

エキナツム種'雪童'

デロスペルマはギリシャ語で「見えやすい種子」という意味です。氷点下15℃にも耐えられる丈夫な多肉植物です。

●キク科
[Gaillardia]

テンニンギク

庭の花

花は一重咲きで、1つの花が2つの色彩をもち、花びらの先端が黄色、基部が紅紫色に染まる。1年草には八重咲きの品種もあり、多年草には花の直径が10cmにもなる品種がある。丈夫で、夏の日差しが照りつける中で咲き続ける。

花径10cmにもなるアリスタータ種▶

分　類：1年草、多年草
花　期：6〜10月
草　丈：30〜90cm
原産地：南・北アメリカ
漢字名：天人菊
別　名：ガイラルディア

'アリゾナサン'

1年草の八重咲き種

ブルーサルビアとテンニンギクを混植した夏の花壇

花期
1
2
3
4
5
6
7
8
9
10
11
12

テンニンギクという名は、その優雅で美しい花を「天人」に譬えられたことによるものです。日本へは明治の中頃に渡来しました。

163

ニチニチソウ

●キョウチクトウ科
[Catharanthus roseus]

夏が大好きで、炎天下に可愛い5弁花を次々と開き、街中の公共の花壇でもよく見かける。咲き終わたった花は、しぼむ前にポロリと落ちるので、毎日新しい花が咲いているように見える。花弁(かべん)の丸い品種や花弁にフリルが入る品種などがある。

◀フリルが愛らしい'エンジェルチュチュ'

分　類：1年草
花　期：6～10月
草　丈：15～60cm
原産地：マダガスカル、インド
漢字名：日日草
別　名：ビンカ

'フェアリースター・ホワイト'

'ロイヤルブラウンウィズアイ'

暑さで街に花が少なくなる盛夏でも色とりどりの花が咲く

毎日新しい花を次々と咲かせ、花が絶えないところから日日草(にちにちそう)といいます。

●シソ科
[Physostegia virginiana]

ハナトラノオ

庭の花

四角い茎が直立して、先端に大きな花穂をつけ、ピンクや白の涼しげな花を咲かせる。花は細長い筒形で、四方に向かって整然と並んで下から上に咲いていく。道端で毎年花を咲かせるほど丈夫で、葉に白や黄色の斑が入る品種もある。

花穂は長さ30cmほどある▶

分　類：多年草
花　期：6月中旬～9月
草　丈：50～100cm
原産地：北アメリカ
漢字名：花虎の尾
別　名：カクトラノオ、
　　　　フィソステギア

白花種

斑入り葉の品種

暑さ寒さに強く、地下茎を伸ばして広がる丈夫な草花

花期
1
2
3
4
5
6
7
8
9
10
11
12

茎が四角柱なことから、角虎の尾の別名もあります。

165

ヒオウギ

●アヤメ科
[Belamcanda]

茎の先に、オレンジに暗紅色の斑点がある6弁花を開き、山野に自生するほか、江戸時代から栽培もされている。草丈が低く、葉の幅が広いダルマヒオウギや、ヒオウギとアイリスとの交配種'キャンディリリー'のようなカラフルな品種もある。

◀ダルマヒオウギの花

分　類：多年草
花　期：7〜8月
草　丈：60〜100cm
原産地：インド、中国、台湾、日本
漢字名：檜扇
別　名：ヌバタマ、
　　　　ヒオウギアヤメ

'キャンディリリー'は、花色（はないろ）が豊富で近年よく見かける

ヒオウギ

種子は丸く黒い

剣状の葉が扇を開いたように広がり、公家の手にしていた檜扇（ひおうぎ）に似ているのが名の由来です。

●キク科
[Helianthus annuus]

ヒマワリ

庭の花

コロンブスのアメリカ発見後、この花はいち早くヨーロッパに伝えられ、世界中に広まった。暑さに負けず元気に大きな花を開き、夏の代名詞とも言える花である。黄色い花がポピュラーだが、近年は茶褐色や2色咲きといった品種も見かける。

太陽をイメージさせる花▶

分　類：1年草
花　期：7〜9月
草　丈：40〜200cm
原産地：北アメリカ
漢字名：向日葵
別　名：ニチリンソウ、ヒグルマ、
　　　　サンフラワー

'ココア'

'セーラームーン'

シロタエヒマワリ

半八重咲き(やえざき)タイプのエレガントな'モネ'は人気のヒマワリである

花期
1
2
3
4
5
6
7
8
9
10
11
12

シロタエヒマワリは、太陽を追って花の向きを変える性質があるといわれています。

167

ヒャクニチソウ ●キク科
[Zinnia]

夏の炎天下から秋の中旬頃まで長期間咲き続けるので「百日草」と呼ばれている。一般にこの名で親しまれているのはエレガンス種で、豪華な大輪から素朴な小輪までさまざまある。ほかに矮性のリネアリス種があり、いずれもよく見かける。

◀ 'プロフュージョン ミックス'

分　類：1年草
花　期：6月中旬〜10月
草　丈：30〜80cm
原産地：メキシコ
漢字名：百日草
別　名：ジニア

炎天下でも色があせずに咲き続けるエレガンス種

エレガンス種

リネアリス種

古くなっても若々しい色を保っている花という意味で、英名を「ユース・アンド・オールド・エージ（若者と老人）」といいます。

● キキョウ科
[Lobelia cardinalis]

ベニバナサワギキョウ

庭の花

日本の山野に自生し、鮮やかな紫色の花を咲かせるサワギキョウの仲間で、日当たりのよい湿地を好む。真っ直ぐに伸びた茎の上部に、鮮やかな紅色の花を穂状にたくさんつけ、下から順に咲いていく。園芸品種には、ピンク花もある。

花は横向きについて咲く▶

分　類：多年草
花　期：7月中旬～9月
草　丈：50～110cm
原産地：アメリカ中東部
漢字名：紅花沢桔梗
別　名：ロベリア

交配種の園芸品種

サワギキョウ

'クイーン・ビクトリア'は、濃い赤紫色の葉も楽しめる

花期
1
2
3
4
5
6
7
8
9
10
11
12

花は唇形花（しんけいか）で、花筒の先が上下に深く分かれています。上唇が2裂、下唇は3裂に分かれ、よく見ると愛嬌のある花です。

169

ヘレニウム

●キク科
[Helenium]

直立する茎の先に、黄色やオレンジ色のキクに似た一重(ひとえ)の花を咲かせる。花の中心が丸く盛り上がって、皿にのった団子のように見えるので、ダンゴギクとも呼ばれている。盛り上がった半球状の部分が黄色のものと、褐色になるものがある。

◀花の中心部が盛り上がるのが特徴

分　類	多年草
花　期	6月下旬～10月
草　丈	60～120cm
原産地	北アメリカ
別　名	ダンゴギク、マルバハルシャギク

黄花の品種

ユニークな花形(はながた)で、ダンゴギクの名でも知られるオータムナーレ種

赤や橙色の品種

ヘレニウムは大正時代初期に渡来し、お盆や彼岸(ひがん)用の切り花として普及しました。花期が長いことから、花壇でも見かける花になりました。

●ナス科
[Physalis alkekengi]

ホオズキ

庭の花

梅雨の頃に白い花が下を向いてひっそりと咲く。花が終わると萼が袋状になって実を包み、徐々に朱紅色に色づいて葉のわきに垂れ下がる。よく見かけるのは実が大きな丹波ホオズキや、草丈の低い3寸ホオズキ。最近は食用ホオズキも人気。

花は葉のわきにうつむいて咲く▶

分　類：多年草
花　期：6〜7月中旬
草　丈：30〜60cm
原産地：東アジア
漢字名：酸漿
別　名：カガチ、
　　　　チャイニーズランタン

センナリホオズキ

食用ホオズキ

丹波ホオズキ。花よりも夏に袋ごと赤く色づく実を観賞する

花期
1
2
3
4
5
6
7
8
9
10
11
12

江戸時代から「ほおずき市」で親しまれていますが、当時は果実を薬用として利用するセンナリホオズキが売られていました。

庭の花

ポーチュラカ

●スベリヒユ科
[Portulaca]

マツバボタン (p174) の仲間で、ドイツで改良された園芸種。大阪で開催された「花の万博」で紹介され、丈夫で、真夏の高温と直射日光の下でよく育つことから、今ではすっかり夏の定番花になっていて、いろいろな場所でよく見かける。

◀花は朝日とともに開く

分　類：多年草、1年草
花　期：5〜11月中旬
草　丈：5〜10cm
原産地：南アメリカ
　　　　（インド説もある）
別　名：ハナスベリヒユ

吊り鉢仕立て

夏中カラフルな花が夏中次々と咲くが、曇りや雨の日は開花しない

複色咲き

一日花で、本来はマツバボタンと同じように昼過ぎにはしぼみますが、終日咲くように改良された品種もあります。

花期
1
2
3
4
5
6
7
8
9
10
11
12

172

●アオイ科
[Alcea rosea]

ホリホック

庭の花

日本へは中国を経て古い時代に渡来した。人の背丈以上に伸びる太い茎に、一重や八重の美しい花が下から上に順々に咲いていく。直立する草姿から「立葵」の和名がある。こぼれたタネからも発芽するので、道端などでもよく見かける。

花径 10cm もある大輪花▶

分　類：多年草、1,2年草
花　期：6〜8月
草　丈：60〜150cm
原産地：地中海沿岸西部地域
　　　　〜中央アジア
別　名：タチアオイ

一重咲きタイプ

'プルート'

花は40〜50日間も咲き続け、花が終わる頃は夏もたけなわ

梅雨に入る頃に咲き出し、花が上まで咲きあがると梅雨が明けるといわれ、梅雨葵の異名もあります。

花期
1
2
3
4
5
6
7
8
9
10
11
12

173

庭の花

マツバボタン

●スベリヒユ科
[Portulaca grandiflora]

厳しい真夏の日差し中で、光沢のある花が次々と咲いて花の絨毯をつくる。花がボタンに似ていて、多肉質の葉が松葉のようなので、この名で呼ばれている。また、別名「日照り草」ともいい、高温、乾燥、日照を好み、曇天の日や日陰では花を開かない。

◀花径4〜6cm

分　類：1年草
花　期：7〜8月
草　丈：10cm前後
原産地：ブラジル、アルゼンチン
漢字名：松葉牡丹
別　名：ヒデリソウ、ツメキリソウ

八重咲き(やえざき)種

花期
1
2
3
4
5
6
7
8
9
10
11
12

晴天だと夕方までしっかり咲いている品種が多くなった

大花マツバボタン

古い品種は午前中だけ花を開き、午後からは閉じてしまいますが、近年は夕方まで開いている大輪の品種が普及しています。

●キョウチクトウ科
[Mandevilla]

マンデビラ

庭の花

熱帯性の植物ならではの鮮やかな花色の漏斗状の花が、霜の降りる頃まで咲き続ける。以前は鉢花だったが、最近はフェンスなどに絡まって露地で花を咲かせているのをよく見かける。花色も豊富になり、八重咲きが出て一段と人気を得ている。

花は形のよい漏斗形▶

分　類：蔓性(つる性)多年草
花　期：5～11月上旬
草　丈：300～700cm
原産地：メキシコ、アルゼンチン
別　名：デプラデニア

'サマードレス'

'ダーク'

八重咲き'ピンキーセンセイション'　古い学名のデプラデニアでも親しまれ、夏中花を咲かせつづける

花期
1
2
3
4
5
6
7
8
9
10
11
12

🌸 マンデビラの名は、ブエノスアイレス駐在のイギリス公使 H・マンデビルの名にちなんで付けられたものです。

175

ミソハギ

●ミソハギ科
[Lythrum]

日当たりのよい湿地や小川のほとりなどで見かけるほか、庭にも植えられている。お盆の花として知られ、小さな花が葉のわきにかたまってつき、穂状になって夏中咲いている。エゾミソハギや属が異なるキバナノミソハギもよく見かける。

◀ 4～6枚ある花弁(かべん)にしわがある

分 類：多年草
花 期：6月中旬～9月上旬
草 丈：60～90cm
原産地：ヨーロッパ、日本、朝鮮半島
漢字名：禊萩
別 名：ボンバナ

エゾミソハギ

キバナノミソハギ

お盆の頃に花が咲き、仏前に供える花として盆花(ぼんか)や精霊花(しょうろうばな)とも呼ばれる

お盆のとき、この花穂(かすい)で供え物を清めたことから、禊萩(みそぎはぎ)が詰まって、ミソハギの名になったそうです。

● アオイ科
[Hibiscus coccineus]

モミジアオイ

庭の花

手のひら状に深く切れ込んだモミジのような葉が名の由来。夏の庭の花として栽培されて、花径が20cmもある深紅の花は、遠くからでもよく目立つ。ハイビスカスの仲間で、花は朝開いて夕方に閉じる一日花(いちにちばな)。雌しべ(め)が突き出て花を開く。

▶5枚ある花弁(かべん)の間に隙間がある

分　類：多年草
花　期：7〜9月中旬
草　丈：150〜230cm
原産地：北アメリカ
漢字名：紅葉葵
別　名：コウショッキ

夏中花を咲かせる

花弁の間に隙間がないハイビスカス 　　地上部は冬に枯れるが、翌年芽を出して大株になってまた花が咲く

花期
1
2
3
4
5
6
7
8
9
10
11
12

🌸 花の色から紅蜀葵(こうしょっき)とも呼ばれるので、中国原産のように思われますが、北米原産で、日本へは明治時代に渡来しました。

177

庭の花

リアトリス

●キク科
[Liatris]

穂状に咲く花は普通下から上に咲き上がるが、この花は上から下へと咲き下がる。直立した茎の上部に小さな花が密について槍のように見える「槍咲き」と、球状に集まって咲く「玉咲き」があり、よく見かけるのは槍咲きのタイプ。

◀花は上から下に咲く

分　類：多年草
花　期：6月中旬〜9月
草　丈：60〜150cm
原産地：北アメリカ
別　名：キリンギク、
　　　　ユリアザミ

スピカータ種の白花品種

花期
1
2
3
4
5
6
7
8
9
10
11
12
ルドベキアと競うように咲く槍咲きタイプのスピカータ種

玉咲きタイプ

ヤリザキリアトリスと呼ばれるスピカータ種は、その細長い花序をキリンの首にたとえ、キリンギクの和名があります。

178

●アオイ科
[Gossypium hirsutum]

ワタ

庭の花

よく見かけるのは、陸地綿と称されるアメリカワタ。野菜のオクラに似たクリーム色の花を開き、夕方には紅を帯びてしぼむ。秋になるとモモに似た形の果実が上向きにつき、熟すと果皮が割れて中から白い綿が噴き出したものを見かける。

◀一日花（いちにちばな）で、夕方にピンクになってしぼむ▶

分　類：1年草
花　期：7〜8月
草　丈：30〜150cm
原産地：熱帯アフリカ
漢字名：綿
別　名：リクチメン

弾けた果実

アジアワタ

花が美しく、実も楽しめることから庭などに植えられている

かつては繊維作物としてアジアワタが日本でも栽培され、綿畑もみられました。観賞用に栽培されるのは、アメリカワタです。

花期
1
2
3
4
5
6
7
8
9
10
11
12

庭の花

コスモス

●キク科
[Cosmos]

日本の気候によく合い、観光地などで群植(ぐんしょく)されているのをよく見かける。本来は日が短くなると開花する植物だが、最近は6月から花を咲かせる早咲きの園芸種が主流。ほかに、キバナコスモスやチョコレートコスモスなども見かけることが多い。

◀丁子咲き(ちょうじざき)の珍しい品種

分 類：1年草、多年草
花 期：6〜11月
草 丈：30〜200cm
原産地：メキシコ
別 名：アキザクラ、
　　　　オオハルシャギク

'シーシェル'

'ラディアンス'

チョコレートコスモス'チョコモカ'

花期
1
2
3
4
5
6
7
8
9
10
11
12

日本人好みの風情のある花で、秋の花の代表ともいえる

コスモスはギリシャ語で「美しい飾り」という意味。日本へは明治時代に渡来し、日本の秋の風景を作る花のひとつになっています。

庭の花

キバナコスモス。コスモスに比べて草丈が低く、早めに咲くのが特徴

'オレンジキャンパス' やピンクのやさしい花色（はないろ）でまとめたコスモスガーデン

'イエローキャンパス'。日が短くなる9〜10月に咲く黄花のコスモス

草丈が低い品種は花壇に植えられるほか、鉢植えでも育てられる

シオン

●キク科
[Aster tataricus]

宿根アスター (p185) の仲間で、秋風が吹き始める頃から淡い紫色の花が上を向いて次々と咲き出す。シオンと同じ大型で、アメリカシオンと呼ばれるネバリノギクや、これらより小型で花色が濃紫色のコンギクなども花壇で見かける。

◀花径3cmの淡紫色(たんしょく)の花が多数咲く

分　類：多年草
花　期：9～10月
草　丈：150～200cm
原産地：日本、東北アジア
漢字名：紫苑
別　名：オニノシコグサ

ネバリノギク

コンギク

野趣あふれる草姿(そうじ)で、古くから秋の花として親しまれてきた

シオンは、中国名の紫苑を音読みしたものです。源氏物語や枕草子などにも登場し、平安時代から観賞用に栽培されています。

●シュウカイドウ科
[Begonia evansiana]

シュウカイドウ

庭の花

江戸時代の初期に中国から渡来したベゴニア（p125）の仲間。長い花柄を伸ばして淡紅色の花を多数つける。先に大きな2枚の萼片（がくへん）と小さな2枚の花弁（かべん）を持つ雄花（おばな）が咲き、後から三角錐のような子房（しぼう）を持つ雌花（めばな）が咲く。白花種もある。

白花種の雄花▶

分　類：多年草
花　期：8月中旬～10月
草　丈：30～60cm
原産地：中国、マレー半島
漢字名：秋海棠
別　名：ヨウラクソウ

雄花（上）と雌花（下）

葉は左右不対称

日陰の庭でも育つ。楚々として咲く品のよい風情が好まれる

花期
1
2
3
4
5
6
7
8
9
10
11
12

シュウカイドウは、中国名の秋海棠の音読みです。春に咲く花木の海棠（かいどう）(p323)のような色の花が、秋に咲くという意味です。

183

シュウメイギク

●キンポウゲ科
[Anemone hupehensis]

古くに中国から渡来したアネモネ（p30）の仲間で、花径5〜7cmの紅紫色の花を咲かせる。花びらのように見えるのは萼片（がくへん）で、20枚以上あるので八重咲きに見える。園芸品種には、ピンクや白の一重（ひとえ）の花を咲かせるものや矮性種（わいせいしゅ）などがある。

◀八重咲きの'ホイールウインド'

分　類：多年草
花　期：9〜11月
草　丈：50〜120cm
原産地：中国
漢字名：秋明菊
別　名：キブネギク

一重咲きの園芸品種

在来種は桃色で、花弁（かべん）のような萼片の幅が細く、数が20〜30枚の八重咲き種　白花の一重咲き

西日本では野生化したものがみられます。かつて京都の貴船山（きぶねやま）に多く見られたことから貴船菊の別名もあります。

●キク科
[Aster]

宿根アスター

庭の花

アスター（p94）の仲間で、一度植えると毎年花を咲かせる宿根草を宿根アスターと呼んでいる。よく見かけるのはユウゼンギクや、孔雀が羽を広げたような形になって花を咲かせるシロクジャクとその交配種のクジャクアスターなどである。

花径1.5cmのシロクジャク▶

分　類：多年草
花　期：7〜10月
草　丈：80〜200cm
原産地：北アメリカほか
　　　　全世界の温帯

ユウゼンギク

濃い桃色のクジャクアスター　　まるで孔雀が羽を広げているように美しいシロクジャク

花期
1
2
3
4
5
6
7
8
9
10
11
12

ユウゼンギクはいかにも日本に自生している野菊のような名前ですが、北アメリカ原産で、明治年間に渡来しました。

185

ハゲイトウ

●ヒユ科
[Amaranthus tricolor]

ケイトウに似ているが、葉が特に美しくなることが名の由来。葉は始めは緑色だが、日が短くなると茎の上部につく葉が紅や、黄、橙、紫紅色などに色づく。2色や3色に色づくものもある。花は葉のわきに密集してつくが小さくて目立たない。

◀目立たないハゲイトウの花

分　類：1年草
花　期：8～10月
草　丈：80～150cm
原産地：熱帯アジア
漢字名：葉鶏頭
別　名：アマランサス、ガンライコウ

'トリカラーパーフェクト'

ハゲイトウとシロタエギクのシルバーの葉を対比させた花壇

'イエロースプレンダー'

渡り鳥の雁が飛来する頃に葉が赤く色づくので「雁来紅(がんらいこう)」の別名がありますが、最近は8月頃から色づく品種が多くなりました。

●ヒガンバナ科
[Lycoris]

リコリス

庭の花

ヒガンバナ（p297）の仲間の球根植物で、葉が出ない状態で花だけが咲き、花が終わってから細長い葉が出る。花の咲きはじめはピンクで、しだいに花弁の先が青く染まっていくスプレンゲリ種や鮮黄色の花をつけるオーレア種などがある。

8～9月に咲くインカルナタ種▶

分　類：球根
花　期：8～10月
草　丈：30～60cm
原産地：東アジア
別　名：マジックリリー

スプレンゲリ種

オーレア種

パステルカラーの淡いピンクの花を開く'アルビピンク'

花期
1
2
3
4
5
6
7
8
9
10
11
12

花が咲いている時期に葉が出ていないことから、マジックリリーとも呼ばれています。

187

リンドウ

●リンドウ科
[Gentiana]

枕草子や源氏物語にも登場する秋の野山の代表的な草花だが、花壇ではあまり栽培されない。よく見かけるのは鉢植えで、矮性のシンキリシマリンドウや草姿の美しいエゾオヤマリンドウなどがある。日が当たると花を開く性質がある。

◀筒状の花は先が5裂して開く

分　類	多年草
花　期	8〜11月
草　丈	15〜70cm
原産地	日本、アジア北部、ヨーロッパ
漢字名	竜胆
別　名	ササリンドウ、エミヤグサ

エゾオヤマリンドウ'メルヘンアシロ'

'シンキリシマリンドウ'

寄せ植えのリンドウ。花は太陽の光を受けると開き、天候の悪い日や夜は閉じる

リンドウの名は漢名の竜胆が変化したもの。根が熊胆よりも苦いので、中国では最強で位も高い想像上の動物の竜を当てたそうです。

●アヤメ科
[Crocus sativus]

サフラン

庭の花

クロッカスの1種で、秋咲きのクロッカスをサフランと呼んでいる。雌しべを薬用などに利用するため、古代ギリシャ時代から栽培されている。花が咲いているときはコンパクトな草姿だが、花が終わると葉が伸びて長さが20cmを越える。

◀糸状に長く伸びる赤い雌しべが目立つ

分　類：球根
花　期：10〜11月
草　丈：5〜20cm
原産地：南ヨーロッパ
別　名：薬用サフラン

籠に入れておくだけで花が咲く

花後（ご）、葉が伸びる

花は芳香のある淡紫色（たんし）の6弁花で、花弁（かべ）に濃色のすじが目立つ

花期
1
2
3
4
5
6
7
8
9
10
11
12

赤い雌しべが薬用や染色に用いられ、乾燥させた雌しべを「サフラン」と呼んでいたのが、後に植物の名前になりました。

189

庭の花

オキザリス

●カタバミ科
[Oxalis]

カタバミ（p238）仲間で、一般にオキザリスと呼ばれているのは南アメリカや南アフリカ原産の球根植物。花色（いろ）が豊富で、愛らしい5弁花をたくさん咲かせる。花は晴れた日の太陽が照っているときだけ開いて、曇りや雨の日は閉じ、夜は葉も閉じている。

◀蕾（つぼみ）に紅い縁（ふち）取りがあるバーシカラー種

分　類：球根
花　期：10～5月
草　丈：10～30cm
原産地：中央～南アメリカ、南アフリカ
別　名：カタバミ

ヒルタ種

ロバータ種

バーシカラー種の鉢植え。日当たりのよい場所に置かないと花が開かない

花期
1
2
3
4
5
6
7
8
9
10
11
12

オキザリスはギリシア語で「酸っぱい」の意味。葉にシュウ酸を含んでいて酸味があることから名付けられたものです。

190

淡いピンクの花が、松葉のような細い葉を覆い隠すように咲くペンタフィラ種

黒みがかった紫色の美しい葉とピンクの花の対比が美しいトリアングラリス種

鮮やかなピンクの花も葉も大きく、ボリュームのある草姿のボーウィー種

20㎝くらい伸びた花茎の先にレモンイエローの花をつける大型のペスカプラエ種

キク

●キク科
[Chrysanthemum]

キクはサクラと並んで日本を代表する花で、文化の日を中心に各地で開かれる菊花展は日本の秋の風物詩。江戸時代に入ると品種改良もされて、現在ある花形(はながた)のほとんどが出そろったといわれている。花壇で見かけるのは小菊(こぎく)が多い。

◀丸い花形のポンポン咲き

分　類：多年草
花　期：10〜11月
草　丈：30〜120cm
原産地：中国
漢字名：菊

中菊'金光丸'

小菊'春風'

手軽に楽しまれる小菊。花色(はないろ)も豊富で秋花壇を彩る

スプレーギク'ジェム'

花期
1
2
3
4
5
6
7
8
9
10
11
12

奈良時代に薬用として渡来し、平安時代には花を観賞するようになりました。花の大きさから大菊、中菊、小菊に分けられています。

庭の花

茎が根より低く垂れ下がるように仕立てられた懸崖菊(けんがいぎく)

中菊。寺の回廊から眺められるように、真っ直ぐに立ち上がって咲くのが特徴の嵯峨菊(さがぎく)

大菊。多数の花弁(かべん)が内側に曲がって整然と盛り上がった厚物

鉢植え向きに欧米で品種改良したポットマム

庭の花

ツワブキ

●キク科
[Farfugium japonicum]

紅葉の時季も終わり、花の少なくなる晩秋から冬にかけて、小菊(こぎく)のような鮮黄色の花を開く。海岸や海岸近くの丘陵地に自生しているほか、古くから栽培もされて、葉に黄色い斑点が入ったものなど、さまざまな斑(ふ)入り葉の品種も見かける。

◀八重咲き(やえざき)の園芸品種もある

分　類：多年草
花　期：10月中旬～12月
草　丈：15～70cm
原産地：日本
別　名：ツヤブキ、イシブキ

白花の園芸品種

花期
1
2
3
4
5
6
7
8
9
10
11
12

斑入り葉の品種も多く、玄関わきや樹木の下などでよく見かける

斑入り葉種'金環'

フキに似た光沢のある葉をつけるので、ツヤブキがなまってツワブキになったといわれています。単にツワとも呼んでいます。

194

●キク科
[Bidens]

ビデンス

庭の花

茎が立ち上がるものと、這うものがあり、よく見かけるのは、すらりと立ち上がった茎の先にコスモスのような花を咲かせる種類。うっすらと白くなる程度の霜くらいならば、冬でも開花しているので、ウインターコスモスの名でも親しまれている。

日が短くなると花が咲く▶

分　類：多年草、1年草
花　期：9月中旬～1月
草　丈：60～120cm
原産地：北アメリカ、メキシコ
別　名：ウインターコスモス

這い性のオーレア

'ピンクハート'

軟らかい草姿(すがた)で、黄色い花弁(かべん)の先端が白く染まる'イエローキューピッド'

花期
1
2
3
4
5
6
7
8
9
10
11
12

ビデンスはラテン語で「2つの歯のある」という意味で、果実の先に歯のようなトゲが2本あることにちなんだ名前です。

195

庭の花

ホトトギス

●ユリ科
[Tricyrtis]

花に紫色の斑点があり、それが野鳥のホトトギスの胸の模様に似ていることが名の由来で、葉のわきに2〜3輪ずつ上向きに花を開く。多くの仲間があるが、よく見かけるのは茎の先に紫紅色を帯びた花を咲かせるタイワンホトトギスである。

◀濃紫色の斑点がある花びらが反り返る

分　類	多年草
花　期	9〜10月
草　丈	10〜100cm
原産地	日本、台湾
漢字名	杜鵑草
別　名	ユテンソウ

斑入り(ふいり)葉種

1本の枝に多数の花をつけ、花数が多いタイワンホトトギス　　タイワンホトトギス'松風'

葉に油のシミに似た黒い斑点（油点）があることから、ユテンソウの別名があります。油点は春の新葉の頃には色濃く、次第に淡くなります。

●ベンケイソウ科
[Kalanchoe]

カランコエ

庭の花

一般にカランコエと呼ばれているのは、立ち上がった花茎(かけい)の先に、4弁の小さな花が多数群がって上向きに咲くブロスフェルディアナ種の改良品種。一重(ひとえ)やボリュームのある八重(やえ)咲きがある。ほかに、ベル形の花が吊り下がって咲く園芸品種もある。

ベル形の花を咲かせる'ミラベラ' ▶

分　類：多肉植物
花　期：11〜4月
草　丈：15〜40cm
原産地：マダガスカル、アフリカ東部
別　名：ベニベンケイ

'ウェンディ'

銀白色の葉を楽しむ'白銀の舞' 　　八重咲き園芸品種の寄せ植え。一鉢あると庭が明るくなる

花期
1
2
3
4
5
6
7
8
9
10
11
12

昭和初期に導入され、紅弁慶(べにべんけい)の和名があります。日が短くなると花が咲く短日(たんじつ)植物ですが、最近は通年開花する品種も出回ります。

197

庭の花

シクラメン

●サクラソウ科
[Cyclamen]

ハート形の葉の中から多数の花茎をのばして、花弁が反り返った花を咲かせる。冬の鉢花として人気だが、近年は比較的寒さに強いガーデンシクラメンや原種などのコンパクトなミニ種が出回り、花壇でも見かけるようになった。

◀原種は受精後、花茎が巻く

分　類：球根
花　期：11～4月
草　丈：5～30cm
原産地：地中海沿岸、トルコなど
別　名：カガリビバナ

花期
1
2
3
4
5
6
7
8
9
10
11
12

美しい葉をつけ、次々と花をさかせるガーデンシクラメン

ガーデンシクラメン

ヘデリフォリウム種

シクラメンはギリシャ語で「回る」の意。原種の花茎が花後、螺旋状に巻くことから名付けられましたが、大輪の園芸種は巻きません。

●ヒガンバナ科
[Galanthus]

スノードロップ

庭の花

冬から早春に、花茎(かけい)の先に白い花を一輪、吊り下げるように咲かせる。よく見かけるのは草丈が高くなる大型のエルウェシーと、小型のニバリス種だが、どちらもよく似ている。ニバリス種には八重(やえ)咲きもある。花は日が当たると開き、夕方には閉じる。

▶内側の短い花弁(かべん)に緑の斑(ふ)が入る

分　類：球根
花　期：1〜3月
草　丈：10〜20cm
原産地：トルコ、ギリシャ、コーカサスなど
別　名：ガランサス、マツユキソウ

ニバリス種

ニバリス種'フローレ・プレノ'

早春の雪の中でも開花するエルウェシー種。花は1つの茎に1つつく

花期
1
2
3
4
5
6
7
8
9
10
11
12

スノードロップは英名で「雪のしずく」という意味です。純白の花が雫のように下向きに咲く、愛らしい春の使者です。

199

ユリオプスデージー ●キク科
[Euryops pectinatus]

一般にユリオプスデージーと呼ばれているのは、銀白色の葉と鮮黄色の花のコントラストが美しいペクティナツス種で、八重咲き(やえざき)の品種もある。仲間にはよく似た草姿(そうし)のマーガレットコスモスや、小花を多数つけるバーシネウス種がある。

◀一重咲き(ひとえざき)のペクティナツス種

分　類：多年草、低木
花　期：11〜5月
草　丈：30〜150cm
原産地：南アフリカ
別　名：エウリオプス

バーシネウス種'ゴールデンクラッカー'

花の少ない寒い時期も次々と咲く八重咲きの'ティアラミキ'　マーガレットコスモス

別名のエウリオプスはギリシャ語で「大きな目をもつ」という意味で、花が良く目立つことから名づけられました。

散歩で見かける草の花

草の花

オオイヌノフグリ
●ゴマノハグサ科
[Veronica persica]

早春の日だまりで青い花を多数咲かせる。帰化植物だが全国の日当たりの良い道端、空き地など、いたるところで見かける。果実の形が犬の睾丸(ふぐり)に似ていることと、在来種のイヌノフグリより花が大きいのが名の由来。イヌノフグリは花が小さく、淡い紫紅色。

◀青い花に、濃色のすじが入る

分　類：越年草
花　期：2〜6月
草　丈：5〜10cm
分　布：日本全土（帰化植物）
漢字名：大犬の陰嚢
別　名：ルリカラクサ、テンニンカラクサ、ホシノヒトミ

果実

花期
1
2
3
4
5
6
7
8
9
10
11
12

花が葉の上に出て一面に咲くので、よく目立つ

イヌノフグリ

花は、朝開いて夕方までに散ってしまいますが、花が開いているときでも、触るとぽろっと落ちます。

202

●ナデシコ科
[Stellaria media]

ハコベ

草の花

春の七草の一つ。全体に軟らかく、昔から食用にされてきた。茎が赤みを帯びるコハコベや大型のウシハコベもよく見かける。いずれも小さな白い星形の5弁花をつけるが、花弁が2つに深く裂けるので、10枚あるように見えるのが特徴。

花弁が深く裂けて10弁に見える▶

分　類：越年草
花　期：3〜11月
草　丈：10〜30cm
分　布：北海道〜九州
漢字名：繁縷
別　名：ハコベラ、アサシラゲ、ヒヨコグサ

コハコベ

ウシハコベ

ハコベは古名のハコベラの略称。茎が緑なのでミドリハコベともいう

花期
1
2
3
4
5
6
7
8
9
10
11
12

🍀 ハコベやコハコベは雌しべの先が3つに分かれ、属が異なるウシハコベは雌しべの先が5つに分かれるので、区別できます。

203

草の花

フキ（フキノトウ） ●キク科
[Petasites japonicus]

フキノトウは葉が出る前に咲く花で、芽吹いてすぐのものを天ぷらや和え物にして食することで知られる。フキノトウにも雄花（おばな）と雌花（めばな）があり、雄花は黄白色、雌花は白い花を咲かせる。雌花は花後に茎が伸びて、綿毛をつけたタネを飛ばす。

◀雌雄異株で、雄花はやや黄みを帯びる

分　類：多年草
花　期：2〜4月
草　丈：10〜50cm
分　布：本州〜沖縄
漢字名：蕗（蕗の薹）

綿毛をつけたタネが飛ぶ

花期
1
2
3
4
5
6
7
8
9
10
11
12

食用にされるフキノトウ。淡緑色の苞（ほう）に包まれている

フキ

🌱 名の由来は、冬に黄色い花を咲かせるので「冬黄（ふゆき）」→「ふき」という説や、地面から一斉に"吹き（フキ）"出しているように見えるからなど、諸説あります。

204

●シソ科
[Lamium amplexicaule]

ホトケノザ

草の花

早春に市街地の道端などで咲き初めて、春が近いことを教えてくれる小さな花。ホトケノザという名の由来は、円い葉を、仏の座る蓮座（蓮をかたどった台座）に見立てたもの。また、葉が2〜3段についているので三階草ともいう。

唇形（しんけい）の花は紫紅色で長さ2cmほど▶

分　類：越年草
花　期：2〜6月
草　丈：10〜30cm
分　布：本州〜沖縄
漢字名：仏の座
別　名：サンガイグサ

葉のわきに直立して咲く

名の由来になった葉

紅紫色の絨毯（じゅうたん）を広げたように一面に咲く

花期
1
2
3
4
5
6
7
8
9
10
11
12

🌼 春に七草粥にして食する中にホトケノザがありますが、それはキク科のコオニタビラコの別名です。シソ科のホトケノザのほうは食べません。

アマドコロ

●ユリ科
[Polygonatum odoratum var. pluriflorum]

草の花

山地や海岸などに自生するが、斑入り葉種は庭で栽培されている。角張った茎の上部が弓状に曲がり、葉の付け根に、筒形の花を1から2個ずつ吊り下げる。横に這う根茎が、ヤマノイモ科のトコロに似ていて、甘くて食べられるのが名の由来。

◀緑白色の花は先のほうが色が濃い

分　類：多年草
花　期：4〜7月
草　丈：30〜70cm
分　布：北海道〜九州
漢字名：甘野老
別　名：イズイ、エミグサ

斑入り葉種

根

花期
1
2
3
4
5
6
7
8
9
10
11
12

茎は直立するか、弓なりに曲がり、ベルのような花が吊り下がる

ナルコユリが似ていますが、ナルコユリの方は円柱形の茎に、1か所から3個以上の花が垂れ下がるので区別できます。

206

●アブラナ科
[Rorippa induca]

イヌガラシ

草の花

放射状に広げた葉の中から茎を伸ばし、枝先に黄色の十字花を多数開く。花は下から咲き、花後に弓状に曲がった細い果実をつける。葉は長楕円形で、縁にギザギザがある。伸び始めた若い茎や葉は、サラダに加えたり、おひたしにして食べられる。

花は4弁花で十字形に開く▶

分　類：多年草
花　期：4〜11月
草　丈：20〜40cm
分　布：日本全土
漢字名：犬芥子
別　名：ノガラシ、アゼガラシ

果実は線形で長さ2cmほど

長楕円形の葉はへりが切れ込む 　道端、空き地などに生えていて、霜の降りる頃まで花を咲かせる

花期
1
2
3
4
5
6
7
8
9
10
11
12

✿ 名は野菜のからし菜に似ているがあまり役に立たない、という意味ですが、葉に淡い辛味があり、ノガラシやアゼガラシなどとも呼ばれます。

207

オオジシバリ

●キク科
[Ixeris debilis]

地面を這う茎から軟らかなへら形の葉が立ち上がり、20cmくらいの花茎の先にタンポポに似た花を咲かせる。よく似たジシバリは小型で、卵形の葉をもち、高さ10cmほどの花茎の先に花をつける。どちらも茎や葉を傷つけると白い乳液が出る。

◀花は舌状花だけで黒い雌しべ（しべ）が目立つ

分　類：多年草
花　期：4～7月
草　丈：10～30cm
分　布：日本全土
漢字名：大地縛り
別　名：ツルニガナ

オオジシバリの葉

水田の畦（あぜ）や道端に生えて、群生（ぐんせい）して一面に広がる

ジシバリ

細い茎がところどころで根を出して広がり、地面をしばるように見えるのが名の由来。オオジシバリはジシバリよりも大型です。

● シソ科
[Glechoma hederacea var. grandis]

カキドオシ

草の花

春に茎が伸び出すと葉のわきに唇形花を開く。始め直立していた茎は花が終わると倒れて蔓のように地面を這い、ところどころから根を出して四方に広がる。生育旺盛で、茎が垣根を通り抜けて向こうまで伸びていくというのが名の由来。

花は紅紫色の唇形花で、長さ2cm前後▶

分　類：多年草
花　期：4〜5月
草　丈：5〜20cm
分　布：北海道〜九州
漢字名：垣通し
別　名：カントリソウ

葉は円形で向かい合ってつく

フイリカキドオシ

花をつけた茎は20cm程度立ち上がり、後に地を這う

花期
1
2
3
4
5
6
7
8
9
10
11
12

ヨーロッパ原産のフイリカキドオシが庭などで栽培されていますが、繁殖力が旺盛なため、逃げ出したものを道端でも見かけます。

209

カラスノエンドウ

●マメ科
[Vicia angustifolia var. segetalis]

葉の先から伸びる巻きヒゲでほかの植物などに絡みつく。葉のわきに蝶形花を開き、花が終わると野菜のサヤエンドウを小形にしたような実をつける。野に生えるエンドウで、実が黒く熟し、スズメノエンドウより大形であることが名の由来。

◀花はマメ科特有の蝶形花

分　類：越年草
花　期：3〜6月
草　丈：60〜120cm
分　布：日本全土
漢字名：烏野豌豆
別　名：ヤハズエンドウ

道端や土手、河川敷などで見かける。ほかの草が茂る夏に枯れる

果実には10個ほどマメが入っている

スズメノエンドウ

別名のヤハズエンドウは、葉の先が矢筈（矢の弦にかける部分）のようにくぼんでいることから名付けられました。

●ケシ科
[Chelidonium majus var. asiaticum]

クサノオウ

草の花

軟らかで、全体に縮れた白っぽい毛が生えているので粉白色を帯びている。羽状に切れ込んだ葉の付け根から花柄を出し4弁の黄色い花を咲かせる。葉や茎を傷つけると黄色の汁が出るので、「草の黄」の字が当てられるが、名の由来は諸説ある。

鮮黄色の花は直径2cm▶

分　類：越年草
花　期：4〜7月
草　丈：30〜80cm
分　布：北海道〜九州
漢字名：草の黄
別　名：イボクサ、タムシグサ、
　　　　ヒゼングサ

葉は羽状に深く裂ける

花後(ご)、円柱形の果実がつく　　黄色い花が目立ち、林縁、道端、人家の周辺などでよく見られる

花期
1
2
3
4
5
6
7
8
9
10
11
12

🍀 茎や葉から出る黄色の汁は多種類のアルカロイドを含み、毒草です。汁に触れないように注意しましょう。

211

シャガ

●アヤメ科
[Iris japonica]

日光があまり届かない林の斜面などに群生しているほか、庭にも植えられている。上の方で枝分かれした花茎に、アヤメに似た花形で、白地に濃い紫と黄色の斑が入った花を咲かせる。ひとつの花は一日でしぼみ、毎日次の新しい花が咲く。

◀花びらのへりが細かく切れ込む

分　類：多年草
花　期：4〜5月
草　丈：30〜70cm
分　布：本州〜九州
漢字名：射干
別　名：コチョウカ

ヒメシャガ

青花中国シャガ

常緑性の葉は光沢のある緑色。根茎（こんけい）でふえる

※ 学名はイリス・ジャポニカで、日本原産のように思われますが、古い時代に中国から渡来したと考えられています。

シュンラン

●ラン科
[Cymbidium goeringii]

草の花

丘陵の林内などに生えるほか、庭でも栽培される。早春に、葉の中から花茎（かけい）を伸ばし、先端に淡黄緑色の花が一輪うつむいて咲く。名は春に咲くランの意味。花に赤い斑点模様があることから別名をホクロとも言う。葉は常緑で、冬でも枯れない。

花弁（かべん）のように3枚に開いているのは萼片（がくへん）▶

分　類：多年草
花　期：3～5月
草　丈：10～20cm
分　布：本州～九州
漢字名：春蘭
別　名：ホクロ、ジジババ

土佐シュンラン

木漏れ日が当たるところで咲く　春の兆しが感じられる頃、ひっそりと咲く花姿は高貴な感じがする

花期
1
2
3
4
5
6
7
8
9
10
11
12

❁ 花は通常淡黄緑色ですが、まれに赤や黄などの色変わりや、斑入（ふい）り葉があり、珍重されています。

213

スミレ

●スミレ科
[Viola]

日本には五十数種のスミレの仲間が自生し、万葉の時代から親しまれている。よく見かけるのは、濃紫色の花を咲かせるスミレや淡紫色(たんししょく)の花色(はないろ)のノジスミレなど。スミレの仲間はいずれも花の後ろに突き出ている距(きょ)があるので一見してそれとわかる。

◀スミレは距も花弁(かべん)と同じ濃紫色

分　類：多年草
花　期：3～5月
草　丈：5～10cm
分　布：日本全土
漢字名：菫
別　名：マンジュリカ

ノジスミレ

オオバキスミレ

単にスミレといえばこの種を指し、日本のスミレの代表格

花期
1
2
3
4
5
6
7
8
9
10
11
12

スミレの名は、花の形が大工さんが使う「墨入れ（墨壷）」に似ているため、それがなまって「スミレ」になったと言う説があります。

草の花

タチツボスミレ。庭や公園、野原などで最もふつうに見かけるスミレ類のひとつ。花後(ご)も葉が伸び続ける

アリアケスミレ。人家の近くの石垣や道端、公園の隅などで見かける。花は白いものから紫を帯びるものまでさまざま

ツボスミレ。ニョイスミレともいい、やや湿った場所を好み、休耕田や田の畔などで見かける

イソスミレ。セナミスミレともいい、北海道と本州の日本海岸に生える。花は濃紅紫色で距が白い

215

セイヨウカラシナ

●アブラナ科
[Brassica juncea]

ヨーロッパなどから入ってきた外来種が野生化して河川敷や土手、荒地などに群生している。同じところに生育しているセイヨウアブラナとともに、春に4弁花を多数咲かせて、一面を黄色に染める。なお、野菜として栽培されているものある。

◀花は黄色の4弁花

分 類：越年草
花 期：2～4月
草 丈：50～100cm
分 布：西アジア原産、本州以西
漢字名：西洋芥子菜
別 名：カラシナ、ナノハナ

葉が茎を抱かないセイヨウカラシナ

土手や河川敷などに群生し、ナノハナと呼ばれている

葉が茎を抱くセイヨウアブラナ

セイヨウカラシナは葉のもとが狭いため茎を抱きませんが、セイヨウアブラナは幅が広いので茎を抱いて葉がついているのが区別のポイント。

216

- ●キク科
  [Taraxacum]

タンポポ

草の花

タンポポは野原や道端などに生えるタンポポ類の総称で、よく見かけるのは外来種のセイヨウタンポポ。ほかに在来種のカントウタンポポ、トウカイタンポポ、カンサイタンポポ、シロバナタンポポなどがあるが、総苞の反り返り方で区別する。

綿毛のついた実が風に乗って飛ぶ▶

分　類：多年草
花　期：2〜5月
草　丈：10〜20cm
分　布：日本全土
漢字名：蒲公英
別　名：ツヅミグサ、チチグサ、ダンディライオン

在来種のカントウタンポポ

シロバナタンポポ

舗装道路のわきでも花を咲かせるほど丈夫なセイヨウタンポポ

花期
1
2
3
4
5
6
7
8
9
10
11
12

セイヨウタンポポは、在来種のタンポポと違って授粉しなくてもタネができ、秋遅くまで花を咲かせています。

217

ナガミヒナゲシ

●ケシ科
[Papaver dubium]

最近、近郊の道端や空き地などでよく見かけるようになったヨーロッパ原産の帰化植物。羽状に深く裂けた葉をつけ、ヒナゲシ（p74）に似た4弁の赤い花が咲く。"ケシ坊主"と呼ばれる果実の形が細長いのが特徴で、それが名の由来。

◀多数の雄しべ（ゆい）が円盤型の雌しべ（めい）を囲む

分　類：1年草
花　期：4〜5月
草　丈：15〜50cm
分　布：関東以西（帰化植物）
漢字名：長実雛芥子、
　　　　長実雛罌粟

果実は長卵形

長い花茎（かけい）の先に朱赤色の花が1つ咲き、花がよく目立つ　3月頃は地面に葉を広げている

1961年に東京都世田谷区で最初に見つかりました。都市周辺では、街路樹の下の植え込みなどでも見られるほどふえています。

●アブラナ科
[Capsella burusa – pastoris]

ナズナ

草の花

春の七草の一つで、田畑、道端、荒地などでふつうに見かける。根生葉を地面に張り付けて冬を過ごし、春になると勢いよく茎を伸ばして花をつける。花は4弁の十字状花で、多数開き、花後に平たい三角形の果実を下から順につける。

花は小さな白い4弁花で、下から咲く▶

分　類：越年草
花　期：2〜6月
草　丈：20〜30cm
分　布：日本全土
漢字名：薺
別　名：ペンペングサ、シャミセングサ

果実は三角形

春の七草として利用される若苗（わかなえ）

茎に花が多数つき、下から順に咲くので果実も一緒に見られる

花期
1
2
3
4
5
6
7
8
9
10
11
12

果実の形が三味線のバチに似ているので、ペンペン草や三味線草の愛称もあります。若苗を油炒めにするとおいしいです。

219

ニリンソウ

●キンポウゲ科
[Anemone flaccida]

竹林や林の縁、藪の中などのやや湿った所に群生する。花が2つ寄り添って咲く姿から二輪草というが、一個や三個咲かせるものもある。白い花弁に見えるのは萼片で、ふつう5枚ある。ちなみに、似たものに花を1つ開くイチリンソウもある。

◀花弁状の萼片が5～7枚付く

分 類	多年草
花 期	3～6月
草 丈	10～25cm
分 布	北海道～九州
漢字名	二輪草
別 名	フクベラ、ガッショウソウ

葉に白い斑模様（ふちょう）がある

花期
1
2
3
4
5
6
7
8
9
10
11
12

花は日が当たると開き、雨の日や早朝、夕方の暗いときは閉じている　花が1つ咲くイチリンソウ

🌸 ニリンソウのように一斉に開いて早春の林を彩り、花が終わると枯れて姿を消す植物を「スプリング・エフェメラル（春の妖精）」といいます。

●キク科
[Sonchus oleraceus]

ノゲシ

草の花

道端や空き地などでよく見かける。葉がケシに似ているのが名の由来だが、羽状に裂けた葉にはアザミのようなトゲはないので、触っても痛くない。タンポポを小さくしたような花が秋のころまで咲き続けるが、暖かい地域では1年中咲いている。

開花は午前中で午後にはしぼむ▶

分　類：越年草
花　期：3〜10月
草　丈：50〜100cm
分　布：日本全土
漢字名：野芥子、野罌粟
別　名：ハルノノゲシ、ケシアザミ

葉は白っぽく、光沢がない

オニノゲシ

よく見かける身近な野草。葉や茎を傷つけると乳液が出る

花期
1
2
3
4
5
6
7
8
9
10
11
12

✿ よく似たものに、葉に鋭いトゲがあり、触ると痛い帰化植物のオニノゲシがあります。こちらは全体に荒々しい感じがあります。

221

ノビル

●ユリ科
[Allium macrostemon]

草の花

地下に小さなタマネギのような球根があり、全体にネギ特有の臭いがする。長く伸びた花茎(かけい)の先に6弁の小さな花をつけるが、日当たりがよいと茶色の丸いムカゴがつき、花が咲かないこともある。ムカゴは地面に落ち、新しい株になってふえる。

◀葉の断面は三日月型

分　類：多年草
花　期：4～6月
草　丈：20～60cm
分　布：日本全土
漢字名：野蒜
別　名：ヒル、ヒルナ

花よりムカゴのほうが多く付く

春に軟らかい茎が群がって出る。球根ごと掘り取って食べる　　地下にある球根

花期
1
2
3
4
5
6
7
8
9
10
11
12

🌼 名は、野に生える蒜(ひる)の意味。蒜はネギやニンニクなどの古名で、食べるとヒリヒリと口を刺激することが語源です。

222

●キク科
[Senecio vulgaris]

ノボロギク

草の花

ヨーロッパ原産で明治の初めに渡来した帰化植物。道端や空き地、畑などに生えている。茎の先につく花が蕾状(つぼみじょう)に見えるが、これは花弁(かべん)状の舌状花が退化して、筒状花だけが集まっているため。霜に当たらなければ一年中咲いている。

花が蕾のように見える▶

分 類	越年草または一年草
花 期	4〜11月
草 丈	20〜40cm
分 布	ヨーロッパ原産、日本全国
漢字名	野襤褸菊
別 名	オキュウクサ、タイショウクサ

実はタンポポに似て風で飛ぶ

若い苗

繁殖力が強く、人家の近くでよく見かける。花はほぼ1年中咲く

花期
1
2
3
4
5
6
7
8
9
10
11
12

🌼 名は「野に咲くボロギク」という意味です。ボロとは、タンポポのような白い綿毛がぼろくずのように見えるからです。

223

ハハコグサ

●キク科
[GnaPhalis affine]

道端や畑、家のまわりなどでよく見かける。全体に軟らかい白い綿毛に覆われていて、触れるとふわふわした感じがある。茎の先端に黄色い小さな花がかたまって咲く。春の七草のひとつ、オギョウ(ゴギョウ)はこの花の別名。

◀ときには秋の頃まで花が咲いている

分　類：越年草
花　期：5〜10月
草　丈：15〜40cm
分　布：日本全土
漢字名：母子草
別　名：ゴギョウ、オギョウ、ホウコグサ

葉は綿毛に覆われている

根元から何本も茎が立ち上がり、茎の上部に花を密集して花を咲かせる

この頃のものを七草に使う

古くはホウコグサと呼ばれ、ヨモギが使われる前は餅に入れて草餅を作ったそうです。現在は食用にすることは少ないようです。

コラム

草の花

オオバコ

スギナ

酸性土に生える野草

　温暖で雨の多い日本では、土中のカルシウム分やマグネシウム分が水に溶けて失われてしまうため、土が酸性になりやすい傾向があります。この傾向は生えている草を調べるとわかります。

　酸性土を好むハハコグサやスギナ（ツクシ）、オオバコ、スイバ、カヤツリグサなどがたくさん生えていたら、確実に酸性土壌です。これらの植物は「酸性土の指標植物」と呼ばれています。

ツクシ

スイバ

カヤツリクサ

草の花

ハルジオン

●キク科
[Erigeron philadelPhicus]

北アメリカ原産の帰化植物で、空き地や田畑の周り、道端などでよく見かける。花の中心が黄色で周りが白かピンクの花を咲かせる。花は、蕾(つぼみ)の頃はおじぎをするように垂れているが、開くと上向きになる。葉が茎を抱くようにつくのが特徴。

◀花の色が濃いタイプもある

分　類：越年草
花　期：3～6月
草　丈：50～80cm
分　布：日本全土（帰化植物）
漢字名：春紫苑
別　名：ハルジョオン、ビンボウグサ

蕾のときに下を向く

花期
1
2
3
4
5
6
7
8
9
10
11
12

道路沿いの空き地などに一面に群生(ぐんせい)している

葉が茎を巻くように付き、茎は中空

名は、シオン（p181）に似た花が春に咲くという意味。観賞植物として輸入したものが野に逃げ出し、戦後各地に広がりました。

226

●シソ科
[Lamium PurPureum]

ヒメオドリコソウ

草の花

ヨーロッパ原産の帰化植物で、日当たりの良い休耕田や荒地などに群落をつくっている。茎の先の葉のわきに淡紅色の花が多数つき、葉の間から四方に向かって咲く。葉面にしわが多く、茎の上部につく葉は赤紫色を帯びてよく目立つ。

◀葉の間から花がのぞく

分　類：越年草
花　期：3〜5月
草　丈：10〜20cm
分　布：日本全土（帰化植物）
漢字名：姫踊り子草

葉は網目状の葉脈が目立つ

在来種のオドリコソウ

明治時代に東京で発見されて以来、春の野を代表する花のひとつ

花期
1
2
3
4
5
6
7
8
9
10
11
12

※ 「オドリコソウよりはるかに小さい」というのが名の由来。そのオドリコソウの名は、花の姿を、笠をかぶった踊り子に見立てたものです。

草の花

ヘビイチゴ

●バラ科
[Duchesnea chrysantha]

道端や田の畦（あぜ）などの日当たりの良い湿った場所で見かける。茎が地面を這（は）って広がり、黄色い5弁花を次々と開く。初夏に、真っ赤な球形の果実がつく。仲間に、ヘビイチゴより大きな花や実をつけるヤブヘビイチゴがある。

◀花は黄色で、花弁（かべん）が5枚ある

分　類：多年草
花　期：4～6月
草　丈：5～20cm
分　布：日本全土
漢字名：蛇苺
別　名：ドクイチゴ、クチナワイチゴ

花期
1
2
3
4
5
6
7
8
9
10
11
12

蔓性（つるせい）の茎が四方に広がり、花柄の先に花を1つ開く

丸い果実は1.5cm程度

ヤブヘビイチゴ

名は、ヘビが食べるイチゴという意味です。毒があるわけではなりませんが、食べても美味しいものではありません。

228

●ゴマノハグサ科
[Linaria canadensis]

マツバウンラン

草の花

全体に華奢な印象で、河川敷や空き地、芝地などに群生する。細い茎が根元から束になり、上に向かってすっと立ち上がり、茎の先に青紫の小さな唇形花が穂状にまばらにつく。花は下から上に順に咲いてゆき、花後、球形の果実をつける。

花は唇形花で、深く5裂する▶

分 類：越年草または1年草
花 期：4～6月
草 丈：20～60cm
分 布：本州～九州
　　　（帰化植物）
漢字名：松葉海蘭

下から上に花が咲く

芽生えた頃の株

花が小さく全体に細い印象だが、群生すると美しい

花期
1
2
3
4
5
6
7
8
9
10
11
12

1941年に京都市の向島で初めて発見された北アメリカ原産の帰化植物。近年、各地に広がってあちこちで見かけます。

229

草の花

マメグンバイナズナ ●アブラナ科
[Lepidium virginicum]

北アメリカ原産で、明治時代の中期に渡来した帰化植物。濃緑色で光沢がある葉をつける。上部でたくさんの枝分かれした茎の先に、ごく小さな4弁花が穂状に多数ついて、下から順に咲いていく。果実は扁平な円形で、先が小さくへこんだ軍配形。

◀花は直径3mmほどで、緑白色

分　類：越年草、1年草
花　期：4〜6月
草　丈：20〜50cm
分　布：日本全土（帰化植物）
漢字名：豆軍配薺
別　名：コウベナズナ

果実は長さ約3mm

花期
1
2
3
4
5
6
7
8
9
10
11
12

人家周辺や空き地、道端などに生え、特に乾いた空き地に群生（ぐんせい）する　　グンバイナズナの果実

❁ 果実の形が相撲の行司が持つ軍配に似て、小さいことからこの名があります。よく似たグンバイナズナはこれより大型です。

●ケシ科
[Corydalis incise]

ムラサキケマン

日の当たらない道端や、林の中のやや湿った場所などに生える。花の形を、仏前に飾る道具の華鬘に見立て、花が紅紫色なのでこの名で呼ばれている。細かく裂けた葉も茎も全体が軟らかく、傷つけると悪臭がする。白花をつけるものもある。

筒状の唇形花（しんけいか）が横向きに付く▶

分　類：越年草
花　期：4〜6月
草　丈：30〜40cm
分　布：日本全土
漢字名：紫華鬘
別　名：ヤブケマン

果実は長さ2cmほど

葉は細かく裂ける　　花を咲かせた後、実を結び、種子を散らすと夏には枯れて姿を消す

花期
1
2
3
4
5
6
7
8
9
10
11
12

一見、軟らかそうな若葉が美味しそうに見えますが、全草（葉、茎、根、花、蕾……全部）が有毒物質を含み食べると中毒を起こす毒草です。

231

草の花

ムラサキハナナ

●アブラナ科
[Orychophragmus violaceus]

中国原産で、江戸時代に観賞用に導入され、戦後各地に広がり、道端や空き地などで野生化しているのをよく見かける。紫色でナノハナに似た4弁の花をつけるのが名の由来。全体にほとんど無毛で、茎につく葉は柄がなく、茎を抱いている。

◀花はナノハナより大きな4弁花

分　類：越年草
花　期：3～5月
草　丈：30～80cm
分　布：日本全土（帰化植物）
漢字名：紫花菜
別　名：オオアラセイトウ、ショカツサイ、ハナダイコン

花期
1
2
3
4
5
6
7
8
9
10
11
12

人為的にタネがまかれることもあり、群生地（ぐんせいち）も見かける

茎は滑らかで、直立する

楕円形の葉が茎を抱く

別名のショカツサイは「三国志」の英雄の諸葛孔明（しょかつこうめい）にちなむ名で、戦いのとき軍陣で栽培し、兵士の食料にしたからといわれています。

232

●ベンケイソウ科
[Sedum mexicanum]

メキシコマンネングサ

草の花

折れた枝からも発根して新たな株を作って増え、主にグラウンドカバーに利用されているが、逃げ出して道端などに野生化したものを見かける。全体に無毛で多肉質。直立する茎の先がタコの足のように分枝して、小さな黄色い5弁花が多数開く。

5枚の花弁（かべん）が星形に開く▶

分　類：多年草
花　期：4～5月
草　丈：10～25cm
分　布：関東以西、四国、九州（帰化植物）
漢字名：メキシコ万年草
別　名：アメリカマンネングサ、クルマバマンネングサ

パラソルを開いたように花が咲く

葉は円柱形で先が尖り多肉質 　　乾燥に強く、横にどんどん広がってカーペット状になる

花期
1
2
3
4
5
6
7
8
9
10
11
12

メキシコから送られたタネを栽培して命名したもので、原産地は不明です。マンネングサは強くて枯れないことにちなんだ名です。

233

草の花

レンゲ

●マメ科
[Astragalus sinicus]

中国原産の帰化植物。土に混ぜて肥料にするため、水がはられる前の水田で栽培されるほか、野原や道端、小川の岸などに野生化している。葉のわきから長く伸ばした花茎(かけい)の先に、紅紫色の蝶形花を放射状に数個つける。まれに白花も見かける。

◀7〜10個の蝶形花(ちょうけいか)が集まった花

分　類：越年草
花　期：4〜6月
草　丈：10〜30cm
分　布：日本全土（帰化植物）
漢字名：紫雲英、蓮華
別　名：ゲンゲ、レンゲソウ

花期
1
2
3
4
5
6
7
8
9
10
11
12

蜜源としても有用で、ピンクの絨毯(じゅうたん)のようなレンゲ畑も見かける

直立する花の柄には葉がつかない

果実は先が嘴状(くちばしじょう)になり、上を向く

花茎の先に蝶形花が集まって、輪状に咲いている花の姿をハスの花に見立ててこの名があり、レンゲソウともいいます。

234

● フウロソウ科
[Geranium carolinianum]

アメリカフウロ

草の花

北アメリカ原産の帰化植物で、日当たりの良い空き地や道端、畑などでよく見かける。全体に軟毛が多く、長い柄をつけ、手のひら状に深く裂けた葉が茎に互い違いにつく。茎は斜めに立ち上がるか地面を這い、葉のわきに5弁花を数個開く。

5枚ある花弁(かべん)の先がわずかにへこむ▶

分 類：1年草
花 期：4〜9月
草 丈：10〜50cm
分 布：各地（帰化植物）
漢字名：アメリカ風露

花が咲く頃は草丈が高くなる

葉は、手のひら状に裂ける

タネを撒き散らして増え、群生(ぐんせい)しているものをよく見かける

花期
1
2
3
4
5
6
7
8
9
10
11
12

昭和初期に牧野富太郎博士が京都で発見し、現在は都市周辺に広がり、畑の雑草にもなっています。

235

アレチノギク

●キク科
[Conyza bonariensis]

南アメリカ原産の帰化植物。かつては道端や市街地の街路樹の下などでも見かけたが、近年はオオアレチノギクにおされて比較的少なくなったようである。花の咲く中心部の茎よりも、横から出る2〜3本の枝のほうが高くなるのが特徴。

◀樽形の花が蕾(つぼみ)のように見える

分 類：越年草または1年草
花 期：4〜11月
草 丈：30〜50cm
分 布：日本全土（帰化植物）
漢字名：荒地野菊

茎の上につく葉がよじれる

花が咲くと茎が伸びず、わきから出る枝のほうが高くなる

近年よく見かけるオオアレチノギク

名は、文字どおり「荒地に生える野菊」という意味で、明治の中頃に渡来しました。暖地では早春から晩秋まで花が咲いています。

●キク科
[Youngia japonica]

オニタビラコ

草の花

田んぼに葉をはり付けて生育するコオニタビラコより大形で、毛が多く荒々しい様子が名の由来。道端や庭の隅、草地でよく見かける。葉の間から真っ直ぐに立ち上がる太い花茎の先に、小さなタンポポに似た花が固まってつき、次々に咲く。

花は朝開いて、午後に閉じる▶

分　類：越年草または1年草
花　期：4〜11月
草　丈：20〜80cm
分　布：日本全土
漢字名：鬼田平子

太い茎は軟らかい

羽状に裂けた葉が放射状に広がる 　数本の茎を立ち上げるものをアオオニタビラコと呼ぶこともある

花期
1
2
3
4
5
6
7
8
9
10
11
12

道端や畑の雑草で、暖地では周年見かける。名に鬼が付くほどの恐ろしげな草姿ではなく、黄色い花はよく見ると愛らしい。

カタバミ

●カタバミ科
[Oxalis corniculata]

草の花

道端や庭などに生える「人里植物」のひとつ。茎が地面を這って広がり、葉のわきに5弁の黄色い花を上向に開く。果実は熟すと、多数の種子を弾き飛ばす。葉が緑のものと赤みがかったものがあり、いずれもシュウ酸を含み、葉を噛むと酸っぱい。

◀花弁(かべん)は5枚で、花径1cmほど

分　類	多年草
花　期	5〜9月
草　丈	5〜10cm
分　布	日本全土
漢字名	傍食、酢漿
別　名	スイモノグサ、カガミグサ

果実はロケット形

花期
1
2
3
4
5
6
7
8
9
10
11
12

霜が降りないところではほぼ1年中見かける

葉の赤みが強いアカカタバミ

ハート形の葉の上半分が、虫に食われたように欠けて見えることから名付けられました。花や葉は暗くなると閉じます。

●キキョウ科
[Triodanis perfoliata]

キキョウソウ

草の花

北アメリカ原産の帰化植物で、日当たりの良い公園や草地、土手、川原などで見かける。直立した茎に卵形の葉が茎を抱いて交互につき、葉のわきに紫色の花が1〜2個ずつまばらに咲く。果実は円筒形で、中央部に穴ができてタネがこぼれる。

花は先が深く5裂する▶

分　類：1年草
花　期：5〜6月
草　丈：20〜80cm
分　布：福島県以南（帰化植物）
漢字名：桔梗草
別　名：ダンダンギキョウ

花も葉も段になってつく

小さなタネが穴から出る

花が斜め上向きに開き、栽培している花と見間違うほど美しい

花期
1
2
3
4
5
6
7
8
9
10
11
12

花の色がキキョウを思わせるのが名の由来です。花が下から上にだんだんと咲いていくので、ダンダンギキョウの名もあります。

239

キショウブ

●アヤメ科
[Iris Pseudacorus]

明治の中頃に渡来し、観賞用に栽培されていたものが池や小川の岸辺などで野生化しているのをよく見かける。花はアヤメ形で外側の花弁（かべん）が垂れ下がり、花弁の付け根に褐色の模様がある。繁殖力が強く、「外来生物法」で要注意種になっている。

◀花は一日でしぼむ

分　類：多年草
花　期：5〜6月
草　丈：60〜100cm
分　布：日本全土（帰化植物）
漢字名：黄菖蒲

西アジア〜ヨーロッパ原産だが、今では日本の風景に溶け込んでいる

枝の上に1〜2個花がつく

キショウブの白花種

❀ ハナショウブの黄花の品種である'愛知の輝き'や'金星'は、キショウブにハナショウブを交配して作られました。

●キク科
[Hemistepta lyrata]

キツネアザミ

草の花

日当たりの良い道端や休耕地、土手などで見かける。羽状に深く裂けた葉は、裏面に白い綿毛が密生して軟らかで、縁にトゲが無いのが特徴。すらりと伸びた茎の先に、小さいアザミのようなピンクの花をつける。群生（ぐんせい）することもある。

花が上を向いて咲く▶

分　類：越年草
花　期：5〜6月
草　丈：40〜80cm
分　布：本州〜沖縄
漢字名：狐薊

綿毛をつけたタネが風で飛ぶ

羽状に裂けた葉はトゲがない

茎の上部で分かれた枝の先に、1つずつ花をつけ、遠くからでも目立つ

花期
1
2
3
4
5
6
7
8
9
10
11
12

アザミに似ているのにトゲがなく、よく見ると違うことから、キツネにだまされたというのが名前の由来です。

241

コウゾリナ

●キク科
[Picris hieracioides var. glabrescens]

茎や葉に赤褐色の剛毛があり、触れるとざらざらする感触を、鬚(ひげ)をそった後の感じに見立て、「顔剃菜(かおそりな)」が転じて名づけられた。野原や道端、土手などに群生(ぐんせい)し、初夏から秋まで、タンポポを小さくしたような花を次々と咲かせる。

◀タンポポをごく小さくしたような花

分　類	越年草
花　期	5〜10月
草　丈	30〜100cm
分　布	北海道〜九州
漢字名	剃刀菜、髪剃菜
別　名	カミソリナ

毛が生えた茎

群生し、直立する茎の上部で多くの枝を出して花をつける

山菜として利用できる若苗(わかなえ)

🌼 植物の名前の最後に「ナ」がつくと、たいてい食べられます。コウゾリナも若苗や柔らかい葉を天ぷらや炒め物などにして食べられます。

●サクラソウ科
[Lysimachia japonica]

コナスビ

草の花

庭の隅や道端、公園の木陰、草地などでふつうに見かける。全体に軟毛があり、触れるとざらつく。茎は地を這って四方に広がり、向かい合ってつく卵形の葉のわきに小さな黄色い花を開く。花が咲き終わると丸い果実が下を向いてつく。

花は深く5裂し、5弁花に見える▶

分　類：多年草
花　期：5〜9月
草　丈：5〜15cm
分　布：日本全土
漢字名：小茄子

葉は卵形で対生(たいせい)する

茎に短い毛が生えてざらつく　　明るい日陰で生育しているものは茎が立ち上がる

花期
1
2
3
4
5
6
7
8
9
10
11
12

🌼 コナスビはオカトラノオ(p257)の仲間ですが、花が「尻尾」のように垂れず、葉のわきに1〜2個、横向きにつきます。

243

草の花

シロツメクサ

●マメ科
[Trifolium repens]

ヨーロッパ原産の帰化植物で、明治時代に牧草として渡来し、草地、道端、空き地、河川敷などでよく見かける。茎は長く地を這い、葉と花茎が立ち上がり、蝶形の花がボール状に集まって咲く。葉はふつう小葉が3枚で、表面に白い斑紋が入る。

◀蝶形の花が30〜80個集まって丸く咲く

分　類：多年草
花　期：4〜9月
草　丈：10〜20cm
分　布：各地（帰化植物）
漢字名：白詰草
別　名：クローバー、オランダゲンゲ

まれに4枚葉をつけるものもある

花期
1
2
3
4
5
6
7
8
9
10
11
12

立ち上がるのは葉や花の柄だけで、長い柄の先に丸くなって花がつく

花後、蝶形花は下向きに垂れる

江戸時代にオランダからガラス器が運ばれてきたときに、この草がパッキンとして詰められていたことと、花色が白いことが名の由来です。

●マメ科
[Vicia dasycarpa var. Glabrescens]

ナヨクサフジ

草の花

ヨーロッパ原産で、飼料や緑肥用に導入されたものが野生化している。茎は地面を這うか、巻きヒゲで他のものに絡まりながら2mくらい伸びる。茎の上部の葉のわきから出る柄に蝶形花(ちょうけいか)を多数つける。花は一方に片寄ってつき、下から順に咲く。

花は紫色に白が混じった蝶形花▶

分　類：1年草
花　期：5〜9月
草　丈：50〜200cm
分　布：日本全土（帰化植物）
漢字名：なよ草藤
別　名：ヘアリーベッチ

葉は羽状複葉で先が巻きヒゲになる

青紫色の花をつけるクサフジ 　　河川敷や道端、草地、高速道路のフェンスなどでよく見かける

花期
1
2
3
4
5
6
7
8
9
10
11
12

✿ ナヨクサフジに似たクサフジは、北海道〜九州の草地に生える在来種で、青紫色の花が密について、フジの花穂(かすい)のように見えます。

245

ニガナ

●キク科
[Ixeris dentate]

身近に見かける野草。細い茎が直立して上部の茎や枝の先に数個ずつ黄色い花をつけ、次々と開く。ニガナより草丈が高く、黄色の花びらが8枚以上あるハナニガナや白花種のシロバナニガナもある。いずれもちぎると苦い白い汁を出す。

◀花弁（かべん）はふつう5枚つく

分　類：多年草
花　期：5〜7月
草　丈：20〜50cm
分　布：日本全土
漢字名：苦菜

茎を抱いて互生する葉

日当たりのよい道端や草地、田畑の周りなどで見かける

ハナニガナ

茎や葉を傷つけると、苦味のある乳液を出すのが名の由来です。なめてみると、タンポポなどに比べても苦味はとても強いです。

● アヤメ科
[Sisyrinchium atlanticum]

ニワゼキショウ

北アメリカ原産。明治の中期に園芸植物として導入されたが、野生化して日当たりのよい芝生や道端でよく見かける。線形の葉をつけ、平たい茎の先に星形をした花をつける。花は一日でしぼむが、次々と咲く。球形の実は熟すと下を向く。

花弁(かべん)に紫色の脈があり中央は黄色▶

分　類：多年草
花　期：5〜6月
草　丈：10〜30cm
分　布：日本全土(帰化植物)
漢字名：庭石菖
別　名：ナンキンアヤメ

白い花もよく見かける

果実は球形で黒紫に熟す

日当たりの良い草地などに群生(ぐんせい)するほか、庭にも植えられる

草の花

花期
1
2
3
4
5
6
7
8
9
10
11
12

❋ 葉の様子がサトイモ科のセキショウに似て、庭に生えるので、この名があります。

247

ノアザミ

●キク科
[Cirsium japonicum]

夏から秋に咲くことが多いアザミ類の中で、春に咲くのはこの種類だけで、花首の上の緑の部分に触れると粘るのが特徴。茎は直立し、鋭いトゲをもった葉が茎に交互につき、枝先に紅紫色の花が上向きにつく。まれに白花をつけるものもある。

◀花首の上の総苞（そうほう）はやや球形で粘る

分　類：多年草
花　期：5～8月
草　丈：50～100cm
分　布：本州～九州
漢字名：野薊

葉の縁に鋭いトゲがある

春から咲くアザミはこの花だけで、草地や土手などでよく見かける

花に触れると白い花粉が飛び出る

野にあるアザミなので「野アザミ」です。花壇に植えられるドイツアザミ (p70) は、ノアザミからつくられた園芸品種です。

●ナデシコ科
[Silene armeria]

ムシトリナデシコ

草の花

ヨーロッパ原産。江戸時代末期に渡来し、観賞用に栽培していたものが野外に逃げ出して、道端や空き地などで野生化している。卵形の葉が茎を抱いて向かい合って付き、直立した茎の先に多数の花が咲く。花の下の茎の一部分がべたつく。

5枚ある花弁（かべん）は先がへこむ▶

分　類：1〜越年草
花　期：5〜6月
草　丈：30〜80cm
分　布：北海道〜九州
　　　　（帰化植物）
漢字名：虫取り撫子
別　名：コマチソウ、
　　　　ハエトリナデシコ

白花もあり、混じって咲いている

褐色のところが粘液を出す部分　　全体に無毛で緑白色を帯び、ピンクの花が傘状に集まって咲く

花期
1
2
3
4
5
6
7
8
9
10
11
12

茎の節の下に粘液を出す部分があり、小さな虫がつくことがあるので、この名でよばれていますが、食虫植物ではありません。

249

草の花

ムラサキカタバミ ●カタバミ科
[Oxalis corymbosa]

南アメリカ原産で、江戸時代末期に渡来し、観賞用に栽培されたものが野外に逃げ出して、空き地、石垣の隙間などで野生化しているのを見かける。ハート形の葉の間から花茎を出し先端に数個の花を開くが、花粉が出ないので種子はできない。

◀雄しべ(おし)の葯(やく)が白色で花粉が出ない

分　類：多年草
花　期：5〜10月
草　丈：10〜20cm
分　布：関東〜西日本
　　　　（帰化植物）
漢字名：紫片喰、紫酸漿

ハート形の3枚の小葉がつく

花期
1
2
3
4
5
6
7
8
9
10
11
12　厳寒期を除いてほぼ1年中花を見かける

花色(はないろ)が濃いイモカタバミ

🍀 よく似ているイモカタバミは花が10個以上つき、花に触れると黄色い花粉がつきますが、ムラサキカタバミは触れても花粉がつきません。

●マメ科
[Trifolium pretense]

ムラサキツメクサ

草の花

日当たりの良い道端や野原などで見かける。シロツメクサ(p244)と違って、全体に毛が生え、茎が立ち上がり、葉にV字形の斑紋(はんもん)がある。球形の花穂(かすい)は小さな蝶形花(ちょうけいか)が何十個も集まったもので、花柄が短いので花のすぐ下に葉がある。

蝶形花は細長く、紅紫色▶

分　類：多年草
花　期：5〜10月
草　丈：30〜60cm
分　布：日本全土（帰化植物）
漢字名：紫詰草
別　名：アカツメクサ

茎が地面を這(は)わずに立ち上がる

白花が咲くものを雪華詰草(せっかつめくさ)という

明治時代に牧草として入ってきたものが野生化している

花期
1
2
3
4
5
6
7
8
9
10
11
12

✿ アカツメクサやレッドクローバーともいいます。花色(はないろ)からシロツメクサと区別してこの名があります。

251

草の花

ヤエムグラ

●アカネ科
[Galium spurium var. echinospermon]

家の周りの藪や空き地、道端などでよく見かける。全体にざらざらして、茎に下向きについたトゲで他のものに引っかかりながら伸びる。葉は線形で先がトゲ状に曲がり、6〜8枚が茎を囲んで輪生する。葉のわきや茎の先に小さな花を開く。

◀葉の先がトゲ状に曲がる

分　類：1〜越年草
花　期：5〜7月
草　丈：60〜100cm
分　布：日本全土
漢字名：八重葎
別　名：クンショウグサ

小さな淡い黄緑色の花が咲く

花期
1
2
3
4
5
6
7
8
9
10
11
12

人里に近いところによく生え、生長すると1mを超えるものもある　群がって生える

幾重にも重なって茂ることが名の由来。なお、百人一首に登場するヤエムグラはこの植物ではなく、クワ科のカナムグラのことです。

ユキノシタ

●ユキノシタ科
[Saxifraga stolonifera]

湿った日陰の道端や岩の上、がけ地などで見かけるほか、昔から薬用に利用されるので、庭の隅や石垣などに植えられている。株元から立ち上がる花茎(かけい)の先に多数の白い花をつける。花は、上の3枚の花弁(かべん)が短く、下の2枚が長くてよく目立つ。

上の3枚の花弁に赤い斑点がある▶

分　類：多年草
花　期：5〜6月
草　丈：20〜50cm
分　布：本州〜九州
漢字名：雪の下
別　名：コジソウ、ベコノシタ

腎円形(じんえんけい)の葉は白斑がある

白い5弁花が多数咲く

薄暗い湿った場所に群生(ぐんせい)して、雪にたとえられる白い花を咲かせる

花期
1
2
3
4
5
6
7
8
9
10
11
12

❀ 冬、積雪下でも葉が枯れずに残っているから「雪の下」や、2枚の白い大きな花弁を舌に見立てた「雪の舌」説など、名の由来は諸説あります。

253

アカバナユウゲショウ ●アカバナ科
[Oenothera rosea]

草の花

栽培していたものが逃げ出して、人家近くの道端や空き地、土手などで野生化しているのをよく見かける。白色の短い毛が生えた茎が直立し、茎の上部の葉のわきに薄紅色の4弁花を1つずつ開く。花の中心部は黄色で、花弁に紅色の脈がある。

◀花弁がまるい4弁花で、平らに開く

分　類：多年草
花　期：5〜9月
草　丈：20〜60cm
分　布：関東地方以西
　　　　（帰化植物）
漢字名：赤花夕化粧
別　名：ユウゲショウ

地面に葉を広げて越冬する

繁殖力が強く、特に暖地で群生（ぐんせい）しているところを多く見かける

白花もまれに見かける

花期
1
2
3
4
5
6
7
8
9
10
11
12

北アメリカ南部原産で、マツヨイグサ（p264）の仲間です。夕方に花を咲かせるのが名の由来ですが、日中でも結構咲いています。

●シソ科
[Prunella vulgaris var. lilacina]

ウツボグサ

草の花

四角形の茎に長楕円形の葉が向かい合ってつき、茎の先に円柱状の花穂(すい)をつける。花は唇形花(しんけいか)で、下から順に咲いていく。花穂の形が矢を入れておく筒形の靫(うつぼ)に似ているのが名の由来。花が終わると花穂が褐色になって枯れたようになる。

円筒形の花穂に花が密生してつく▶

分　類：多年草
花　期：6〜8月
草　丈：20〜30cm
分　布：北海道〜九州
漢字名：靫草
別　名：カコソウ

花後(ご)、花穂が枯れる

葉は対生(たいせい)する

日当たりの良い草地や道端などに群生(ぐんせい)し、紫色の花が目立つ

花期
1
2
3
4
5
6
7
8
9
10
11
12

花が終わると花穂の部分だけが褐色になって、真夏に枯れたように見えるので、夏枯草(かこそう)の別名がある。

255

草の花

オオキンケイギク ●キク科
[Coreopsis lanceolata]

明治の中頃に観賞用に導入され、戦後野生化したものが多い。群落を作って、初夏から夏にかけて、高速道路沿いや河川敷、道端などを黄金色に染める。花径5cmほどで、花弁の先は細かく切れ込む。よく似たキンケイギクは1年草で栽培される。

◀花びらの先は不規則に切れ込む

分　類：多年草
花　期：5〜7月
草　丈：30〜70cm
分　布：日本全土（帰化植物）
漢字名：大金鶏菊

茎の上につく葉は分裂しない

花期
1
2
3
4
5
6
7
8
9
10
11
12

繁殖力が強く、道路の法面(のりめん)などに群生(ぐんせい)している

1年草のキンケイギク

北アメリカ原産。繁殖力が強く、各地で野生化して特定外来生物に指定され、栽培は禁止されています。

●サクラソウ科
[Lysimachia clethroides]

オカトラノオ

草の花

直立した茎の先に長さ10〜20cmの花穂(かすい)を夏につける。花の穂は太く、穂先が一方に傾き、密についた小さな白い花が下から順に咲き上がる。葉は長楕円形で茎に交互につく。よく似たヌマトラノオは湿地に生え、花穂が垂れないので、区別できる。

直径1cmほどの花が星形に開く▶

分 類：多年草
花 期：6〜7月
草 丈：60〜100cm
分 布：北海道〜九州
漢字名：丘虎の尾

葉は長楕円形で互生する

ヌマトラノオ

地下茎を伸ばして増えるので、草地や林の縁(ふち)などに群生(ぐんせい)する

花期
1
2
3
4
5
6
7
8
9
10
11
12

🌸 名は、「丘に生えている虎の尾」の意です。花の穂をトラの尾に見立てて名づけられました。最近あまり見かけないのでさみしくなりました。

257

ゼニアオイ

●アオイ科
[Malva sylvestris var. mauritiana]

ヨーロッパ原産で、江戸時代に渡来した帰化植物。庭にも植えられるが、こぼれたタネからも発芽するほど丈夫な性質で、日当たりの良い空き地や草地、道端などで見かける。直径3cmほどの5弁花を葉のわきに2〜6花つけ、下から順に咲く。

◀ 5枚の花弁(かべん)に濃い紫色の脈がある

分　類：越年草
花　期：6〜8月
草　丈：80〜150cm
分　布：日本全土（帰化植物）
漢字名：銭葵
別　名：コアオイ

太い茎が直立する

花がタチアオイ(p173)より小さいので、小葵(こあおい)とも呼ばれている

葉は円形で浅く切れ込む

🌸 花の形、あるいは丸い円盤状の果実の形を銭に見立てて名付けられ、「銭葵」と書きます。

●ツユクサ科
[Commelina communis]

ツユクサ

草の花

朝露を帯びて咲いている姿から名付けられたといわれ、昼頃に花がしぼむと花弁(かべん)はとけてなくなる。花弁は3枚で、上の2枚が大きく、澄んだ青色をしていて、下の1枚は小さく半透明で目立たない。6本ある雄(お)しべのうち、2本が前に突き出る。

◀緑色の苞(ほう)に包まれた果実

分　類：1年草
花　期：6～10月
草　丈：20～60cm
分　布：日本全土
漢字名：露草
別　名：ツキクサ、アオバナ、ボウシバナ

花は朝開いて、半日でしぼむ

シロバナツユクサ

草地や畑、道端の湿ったところに群生(ぐんせい)し、秋の頃まで花を開く

花期
1
2
3
4
5
6
7
8
9
10
11
12

🍀 万葉集ではツキクサと呼んでいて、花びらを衣にすり付けて染めました。花の色からアオバナともいいますが、白花もあります。

259

ドクダミ

●ドクダミ科
[Houttuynia cordata]

昔から知られた薬草の一つで、種々の薬効があるので十薬の名もある。全草に独特の臭気がある。4枚の白い花弁に見えるのは苞葉である。黄色い円柱状のものが本物の花で、雄しべの先の黄色い葯がよく目立つ。八重咲きや斑入り葉種もある。

◀中央の部分に花がかたまっている

分　類：多年草
花　期：5〜6月
草　丈：20〜40cm
分　布：本州〜沖縄
漢字名：蕺草
別　名：ジュウヤク、ドクダメ

葉はハート形で互生する

林の中のやや湿っている場所や人家の北側などに群落をつくる　総苞片が多い「八重ドクダミ」

毒を矯正する、抑制するという意味の「毒矯め」が名の由来といいますが、毒にも痛みにも効くから「毒痛み」という説もあります。

● ラン科
[Spiranthes sinensis]

ネジバナ

草の花

日当たりの良い草地や土手、芝生などで見かける"野生のラン"。螺旋状にねじれた花穂にピンク色の小さな花が横向きに開く。そこから捩花といい、ねじれる方向は右巻きと左巻きがある。まったくねじれないものもや白花もある。

花は長さ4～6mmで螺旋状につく▶

分　類：多年草
花　期：6～8月
草　丈：15～40cm
分　布：北海道～九州
漢字名：捩花
別　名：モジズリ

右巻き、左巻きなどがある

白花もある

日当たりの良い芝地でよく見かける

花期
1
2
3
4
5
6
7
8
9
10
11
12

🍀 別名のモジズリは、昔、東北地方で行われた型染めの「信夫捩摺」のねじれ乱れた美しい模様にちなんだものといわれています。

261

ヒメジョオン

●キク科
[Erigeron annuus]

草の花

道端や空き地、公園、河川敷などでよく見かける。毛がまばらにある硬い茎が直立し、上部で枝分かれした茎の先に多数の花を開く。花は、中心が黄色でその周りを白または淡紫色の花びらが囲んだキク状花。蕾はうなだれない。

◀花は直径2cm、茎の先に多数つく

分　類：1～越年草
花　期：6～10月
草　丈：30～100cm
分　布：日本全土（帰化植物）
漢字名：姫女苑
別　名：ヤナギバヒメギク、テツドウグサ

花期
1
2
3
4
5
6
7
8
9
10
11
12

繁殖力が旺盛で、道端や休耕地などに群落をつくっている

蕾は垂れない

茎の中が詰まり葉は茎を抱かない

明治初年に渡来した北米原産の帰化植物。ヒメジョオンは蕾が上を向き、葉が茎を抱かないので、ハルジオンと区別できます。

● アカバナ科
[Oenothera speciosa]

ヒルザキツキミソウ

草の花

観賞用に導入されたものが野生化して、道端などで咲いているのをよく見かける。全体に白く細かい毛が密生して、杯状のピンクの花を開く。蕾(つぼみ)のときは下を向き、開花時は上を向いて咲く。花は一日でしぼむが、次々と夏中咲いている。

花は杯形の4弁花。中心が黄色に染まる▶

分　類：多年草
花　期：5～7月
草　丈：30～60cm
分　布：全国（帰化植物）
漢字名：昼咲月見草
別　名：モモイロヒルザキツキミソウ

蕾のときは下を向いている

葉がライム色の園芸種

アメリカ中南部原産。街なかの街路樹の下でも見かける

花期
1
2
3
4
5
6
7
8
9
10
11
12

日が沈んでから咲くマツヨイグサの仲間で、日中に開いているのが名の由来。花色(はないろ)からモモイロヒルザキツキミソウともいいます。

263

マツヨイグサ

●アカバナ科
[Oenothera stricta]

南アメリカ原産の帰化植物。夕方になると花を開くことから、宵を待つと表現して名が付けられた。直立した茎の上部の葉のわきに鮮やかな黄色の花を1つつける。花は翌朝しぼむと黄赤色にかわる。仲間が多く、さまざまな場所で見かける。

◀ 4弁花で、花の直径4cm

分　類：多年草
花　期：5〜8月
草　丈：50〜90cm
分　布：本州以南（帰化植物）
漢字名：待宵草

花がしぼむ頃は黄赤色にかわる

マツヨイグサの仲間では最も早く渡来（幕末）した

上部が4つに裂けてタネをこぼす

🌼 マツヨイグサの仲間を俗に「月見草」と呼んでいますが、ツキミソウは純白の4弁花を開き、野生化はしていません。

草の花

オオマツヨイグサ。直径8cmの大輪の花が、夕方、黄色い火を灯すように咲き、翌朝にはしぼむ。しぼんでも赤くならない

メマツヨイグサ。繁殖力が強く、荒地、道端などで最も多く見かける。夕方から咲いた花が、朝のうちも残って開いている

コマツヨイグサ。海岸近くの砂地に群生(ぐんせい)するが、近年は街なかの道端や空き地などでも見かける。花がしぼむと赤くなる

ツキミソウ。夕方白い花を開き翌朝ピンクになってしぼむ。江戸末期に渡来したが、現在はまれに栽培される程度

ホタルブクロ

●キキョウ科
[Campanula punctata]

全体に粗い毛が生えている。先が尖った披針形の葉が交互につき、茎の上部に、釣り鐘形の花が数輪下向きに咲く。花の内側に紫色の斑点がある。よく似ているヤマホタルブクロは、緑の萼の縁に上向きに反り返る小さな裂片がないので区別できる。

◀釣鐘形の花は先が浅く5裂する

分　類：多年草
花　期：6〜8月
草　丈：30〜80cm
分　布：北海道〜九州
漢字名：蛍袋、火垂袋
別　名：チョウチンバナ、アメフリバナ

白花種

山野や丘陵地、道端などに生え、花の形からチョウチンバナの名もある

ヤマホタルブクロ

名の由来に、子供が花の中にホタルを入れて遊んだという「蛍袋」説と、花の形が提灯に似ているので「火垂（提灯の古語）袋」という説があります。

●ナデシコ科
[Dianthus superbus var. longicalycinus]

カワラナデシコ

草の花

秋の七草の一つ。万葉の頃から親しまれ、当時から庭にも植えられている。全体に粉をかぶったような緑色で、細長いササの葉状の葉が交互につき、5枚ある花弁の先が細かく切れ込んだ繊細な花を咲かせる。まれに白い花を咲かせるものもある。

花弁の縁(ふち)が糸のように細く裂ける▶

分　類：多年草
花　期：7～10月
草　丈：30～100cm
分　布：本州～九州
漢字名：川原撫子
別　名：ナデシコ、
　　　　ヤマトナデシコ

葉も茎も白っぽい緑色

白花を咲かせるものもある　日本女性のしとやかさを思わせる花といわれている

花期
1
2
3
4
5
6
7
8
9
10
11
12

❀ 名は河原に多いナデシコの意味ですが、高原などでもよく見かけます。中国から渡来したセキチクと区別するため、大和撫子(やまとなでしこ)ともいいます。

267

カラスウリ

●ウリ科
[Trichosanthes cucumeroides]

秋に赤く熟した実が吊り下がると人目を引くが、夏に咲くレース編みのような純白の花は、夜に開き、翌朝までには閉じるので見ることが少ない。別種のキカラスウリは花弁が横に広がり、先端のレースがやや短いので区別できる。実は黄色く熟す。

◀若い果実は緑色で白っぽいすじがある

分　類：多年草
花　期：8〜9月
草　丈：蔓(つる)性
分　布：本州〜九州
漢字名：烏瓜
別　名：タマズサ

カラスウリの花

キカラスウリの花

キカラスウリの実

民家の庭木などに絡み付いていることもある

花期
1
2
3
4
5
6
7
8
9
10
11
12

霜が降りても枝などに残っている赤い果実のことを、カラスが食べ残したと見立てて「烏瓜(カラスウリ)」と名付けられたといわれています。

268

コラム

草の花

6:30p.m.
7:00p.m.
7:03p.m.
7:04p.m.
7:05p.m.
7:07p.m.
7:10p.m.
7:15p.m.

夜に咲くカラスウリの花

日没後に花弁が開きはじめると間もなく糸状の裂片(れっぺん)が現れ、甘い香りを漂わせながら見る見るうちに純白の美しい花が開きます。匂いと花色(はないろ)で蜜を求める蛾の仲間を呼び寄せ、明け方にはしぼんで小さな白い玉になります。

花は種の保存のために咲くわけで、人に見てもらうために咲くわけでありません。夜に咲けば、ライバルも少ないわけですから、受粉を手伝ってくれる夜行性の蛾が訪れる回数も多くなるというものです。

夜に咲く花たちは、夜でも虫たちにわかるように、白や黄色の花色で、強い香りを放って存在をアピールしています。

キンミズヒキ

●バラ科
[Agrimonia pilosa]

道端や草地、林の縁（ふち）などで見かける。茎にも葉にも多くの毛がある。立ちあがった茎の先に、小さな花がかたまって細長い穂をつくり、下から順に咲いていく。果実にカギのようなトゲがあり、衣類や動物の体にくっついて運ばれる。

◀5弁の黄色い花は直径7〜10mm

分　類：多年草
花　期：7〜10月
草　丈：30〜100cm
分　布：北海道〜九州
漢字名：金水引

葉は奇数羽状複葉で互生する

細長い花穂（かすい）をタデ科のミズヒキに見立て、花が黄色いのが名の由来

果実にトゲが多数ある

秋に草むらを歩くと、この草の実が衣服について、取るのに一苦労します。

● マメ科
[Pueraria lobata]

クズ

草の花

秋の七草の一つ。古くから、食料、薬用、衣料、飼料など、生活に結びついた有用な植物として利用されてきたが、繁殖力が旺盛で、現在では害草となりつつある。葉のわきに、甘い香りの花が穂になってつき、下から上に咲いていく。

紅紫色で蝶形(ちょうけい)の花が咲く▶

分　類：多年草
花　期：8〜9月
草　丈：5〜20m
分　布：日本全土
漢字名：葛
別　名：ウラミグサ、カッコン

蔓(つる)植物で樹木などに絡まる

果実は褐色の毛に覆われる　　山麓の斜面や線路際、河原の土手、道端などでよく見かける

花期
1
2
3
4
5
6
7
8
9
10
11
12

🍀 名は、昔大和国吉野（奈良県）の国栖(くず)の人が、この植物の根からくず粉をつくって売り歩いたことから付いた名前だといわれています。

271

草の花

ケチョウセンアサガオ ●ナス科
[Datura meteloides]

北アメリカ原産の帰化植物で、全草にアルカロイドを含む有毒植物。茎や葉の裏に微細な毛が密生して全体がやや白っぽく見える。漏斗形(ろうとけい)の大きな花が夕方上向きに開き、翌日の昼頃にはしぼむ。花後(かご)、トゲに包まれた球形の果実を下向きにつける。

◀上から見ると花はほぼ円形に見える

分　類：多年草
花　期：6～9月
草　丈：80～200cm
分　布：ほぼ各地（帰化植物）
漢字名：毛朝鮮朝顔
別　名：ダツラ、
　　　　アメリカチョウセンアサガオ

果実は球形で下向きにつく

花期
1
2
3
4
5
6
7
8
9
10
11
12

空き地や道端でよく見かける。花は咲き始めは強い香りがある

チョウセンアサガオ

よく似ているチョウセンアサガオは全体にほとんど毛がありません。こちらのほうは、華岡青洲が乳がんの手術に麻酔薬として用いたことで有名です。

272

●フウロソウ科
[Geranium thunbergii]

ゲンノショウコ

草の花

下痢止めや腹痛の民間薬で、飲めばたちまち薬効が現れるというところから「現の証拠」と名付けられた。茎の下部は倒れて地を這い、上部が立ち上がって赤や白の5弁花を柄の先に2つずつ開く。葉は手のひら状に3～5裂して対生する。

5枚の花弁（かべん）に濃い色の線が入る▶

分　類：多年草
花　期：7～10月
草　丈：30～60cm
分　布：北海道～九州
漢字名：現の証拠
別　名：ミコシグサ、イシャイラズ

西日本に多い赤花種

果実が熟すと5つに裂ける　　身近にあって古くから生活にかかわってきた野草で、花もかわいい

花期
1
2
3
4
5
6
7
8
9
10
11
12

❋ 赤花株と白花株があり、西日本は赤花、東日本は白花が多いのですが、タンニンなどの成分も薬効も差はないそうです。

273

スベリヒユ

●スベリヒユ科
[Portulaca oleracea]

畑、道端などでよく見かける。夏の暑い盛りに、つやつやした円柱形の茎が地面を這うように広がり、茎から枝を伸ばして黄色い5弁花を開く。花は、日が当たると開き、夕方に閉じる。果実は熟すと横に裂け、上半分がとれて黒い種子を散らす。

◀花弁（かべん）は5枚で、先がへこんでいる

分　類：1年草
花　期：7〜9月
草　丈：5〜15cm
分　布：日本全土
漢字名：滑り莧
別　名：ウマビユ

葉はへら形で光沢がある

全体が多肉質で、乾燥に強く、梅雨明け頃から目立ってくる

果実が熟すと上部がはずれる

柔らかい茎先は食用になります。ゆでて食べると独特の滑り（ぬめ）と酸味が味わえます。ヨーロッパでは野菜として栽培しています。

●キンポウゲ科
[Clematis terniflora]

センニンソウ

草の花

日当たりの良い林の縁や道端などで見かける。よく分枝して広がる茎を覆うように純白の花が多数咲き、花にはたくさんの糸状の雄しべがよく目立つ。花弁に見えるのは4枚の萼で花弁はない。葉は3〜5枚の小葉からなる羽状複葉で対生する。

花は上を向いて平らに開く▶

分　類：多年草
花　期：7〜10月
草　丈：3〜4m
分　布：日本全土
漢字名：仙人草
別　名：ウシクワズ、ウマクワズ

葉の縁(ふち)は滑らか

ボタンヅル

蔓性(つるせい)の有毒植物で、茎や葉の汁が皮膚につくとかぶれる

花期
1
2
3
4
5
6
7
8
9
10
11
12

✿ センニンソウと同じようなころで見かける植物にボタンヅルがあります。こちらは、葉のへりにギザギザがあるので区別できます。

275

草の花

タカサゴユリ

●ユリ科
[Lilium formosanum]

台湾原産の帰化植物で、観賞用に導入されたものが逃げ出して、法面（のりめん）や道端などで野生化しているのを見かける。線形の葉が多数つき、細長いラッパ型の花を横向きに開く。花の外側は紫褐色を帯び、中央の脈は特に色が濃いすじになる。

◀花の長さは 15cm ほどある

分　類：球根
花　期：7～10月
草　丈：40～200cm
分　布：本州以南（帰化植物）
漢字名：高砂百合
別　名：スジテッポウユリ、
　　　　タイワンユリ、
　　　　ホソバテッポウユリ

果実の上部が割れてタネを飛ばす

花期
1
2
3
4
5
6
7
8
9
10
11
12

1本の茎に15輪ほどの花をつけるのでよく目に付く

新テッポウユリ

※ 最近は、テッポウユリと交雑して内側も外側も純白の花をつける新テッポウユリもよく見かけます。

●ケシ科
[Macleaya cordata]

タケニグサ

草の花

全体に粉をかぶったように白っぽく、茎や葉を傷つけると黄色い汁が出る。太い茎が直立し、茎の先にたくさんの小さな花を円錐形につける。花には花弁がなく、多数の雄しべと1本の雌しべがあるだけ。大きな葉は長さ20～40cmになる。

花は花弁がなく雄しべが突き出る▶

分　類：多年草
花　期：7～8月
草　丈：80～200cm
分　布：本州～九州
漢字名：竹似草、竹煮草
別　名：チャンパギク

果実は長楕円形で平べったい

大きな葉の裏面は白色

日当たりの良い道端や造成地、道路の法面(のりめん)などでよく見かける

花期
1
2
3
4
5
6
7
8
9
10
11
12

茎の中が空洞で竹に似るから「竹似草」、タケニグサと一緒に煮ると竹に古色がついて細工しやすいから「竹煮草」、など名の由来はさまざま。

277

ナツズイセン

●ヒガンバナ科
[Lycoris squamigera]

古い時代に中国から渡来したといわれる球根植物で、人里近くの道端や空き地で見かける。暑い盛りに、ピンクにやや青みを帯びた大型の花が横向きに数個咲く。ナツズイセンより早めに咲くキツネノカミソリは、明るい林の中で見かける。

◀花弁(かべん)の先はやや反り返える

分　類：球根
花　期：8〜9月
草　丈：50〜70cm
分　布：本州〜九州
漢字名：夏水仙

春に出た葉が夏に枯れ、その後に太い花茎(かけい)を伸ばして花が咲く

人家近くの林などで見かける

キツネノカミソリ

名は、「夏に咲くスイセン」という意味ではなく、葉がスイセンに似ているという意味です。ヒガンバナの仲間で、花と葉は同時に見られません。

●ユリ科
[Hemerocallis longituba]

ノカンゾウ

草の花

道端や田の畦、野原などでよく見かける。広線形の葉の中から太い花茎を立ち上げ、ラッパ形の花を開く。花は朝開いて夕方にしぼむ一日花だが、次々と咲く。同じようなところで見かけるヤブカンゾウは雄しべが花弁状になった八重咲き種。

花びらは6枚で一重咲き(ひとえざき)▶

分　類：多年草
花　期：7～8月
草　丈：70～80cm
分　布：本州以南
漢字名：野萱草
別　名：ベニカンゾウ

ヤブカンゾウ

ノカンゾウの若芽

蕾(つぼ)は上向きにつくが、花は斜め上を向いて開く

花期
1
2
3
4
5
6
7
8
9
10
11
12

❁ ノカンゾウとヤブカンゾウの春の芽だしの若葉は美味しい山菜として知られています。酢味噌和えにするとほどよい甘みとぬめりが味わえます。

279

ハゼラン

●スベリヒユ科
[Talinum triangulare]

熱帯アメリカ原産。明治の初めに観賞用に導入されたものが野生化し、道路のわきや駐車場のわずかな土があるような場所でも見かけるほど丈夫。全体に多肉質。滑らかな円柱形の茎の先に、小さな花を線香花火のように次々と開く。

◀花は直径6mmほどの5弁花

分　類：1年草
花　丈：7～9月
草　丈：15～80cm
分　布：本州～沖縄（帰化植物）
漢字名：爆蘭、米花蘭
別　名：サンジソウ、ハナビグサ

丸い果実は赤褐色でつやがある

丈夫で、道路わきの小さな隙間でも繁殖する

無毛で滑らかな緑色の葉

花が午後3時頃に咲いて、まもなくしぼむことから3時花（さんじばな）や3時草（さんじそう）とも呼ばれています。

ヒルガオ

●ヒルガオ科
[Calystegia japonica]

草の花

茎は蔓性になって周りのものにからみつく。葉のわきから長い花柄を出し、漏斗形の花を開く。アサガオに対して日中咲いているのが名の由来。よく似たコヒルガオも同じようなところで見かけるが、ヒルガオに比べて花も葉も小型。

花柄が滑らかなヒルガオ▶

分 類	多年草
花 期	6〜8月
草 丈	30〜120cm
分 布	北海道〜九州
漢字名	昼顔
別 名	アメフリバナ、ハタケアサガオ、チョクバナ

ヒルガオの葉は細長く伸びる

花色が薄いコヒルガオ

野原や道端でよく見かける。花は朝開き、夕方にしおれる一日花

花期
1
2
3
4
5
6
7
8
9
10
11
12

🌼 万葉集には美しい花という意味の「かほばな」の名で詠まれています。この花を摘むと雨が降るといわれ、アメフリバナともいいます。

281

ビロードモウズイカ

●ゴマノハグサ科
[Verbascum thapsus]

ヨーロッパ原産の帰化植物。明治初期に渡来し、観賞用に栽培されていたものが野外に逃げ出して各地で野生化している。全体が灰白色の毛に密に覆われ、根生葉の間から花茎を真っ直ぐに立ち上げ、長い花穂に黄色の花が下から上に咲きあがる。

◀花は深く5裂して5弁花に見える

分　類：越年草
花　期：8～9月
草　丈：1～2m
分　布：日本全土（帰化植物）
漢字名：天鵞絨毛蕊花
別　名：バーバスカム、ニワタバコ

長楕円形の大きな葉が互生する

人の背丈以上の高さになり、遠くからでもよく目に付く

密に果実がつく

✿ 全体がビロード状の綿毛で覆われ、雄蕊（雄しべのこと）に毛が生えていることが名の由来です。

●キク科
[Hypochoeris radicata]

ブタナ

草の花

ヨーロッパ原産で、昭和の初めに札幌で発見された。今では道端や土手の斜面、空き地などでよく見かける。茎や葉を傷つけると白い汁を出す。ひょろりと伸びた花茎（かけい）が上部で1〜3本に分かれ、それぞれの枝の先端にタンポポに似た花を開く。

花の直径は3〜4cm▶

分　類：多年草
花　期：4〜10月
草　丈：30〜80cm
分　布：日本全土（帰化植物）
漢字名：豚菜
別　名：タンポポモドキ

花茎は50cm以上になる

根生葉（こんせいよう）。硬い毛が生えている　　草丈が高く、空き地や芝地などを黄色く染めるほど群生（ぐんせい）する

花期
1
2
3
4
5
6
7
8
9
10
11
12

🍀 名は、フランス語の俗名 Salade de porc（豚のサラダ）を直訳したもので、「豚に食べさせる菜」という意味があるそうです。

283

ヘクソカズラ

●アカネ科
[Paederia scandens var. mairei]

葉や茎、果実を揉むと悪臭を放つのが名の由来。万葉集には屎葛(くそかずら)の名で詠まれている。筒状の花を田植えをする娘さんがかぶるすげ笠に見立てた早乙女花(さおとめばな)や、花の中心の赤い部分をお灸をすえた跡に見立てた、灸花(やいとばな)などの別名もある。

◀花の外側は白くて中央部が紅色

分　類：多年草
花　期：8〜9月
草　丈：1〜2m
分　布：日本全土
漢字名：屎糞蔓
別　名：ヤイトバナ、サオトメカズラ

枝先や葉のわきに花がつく

蔓性(つるせい)で、フェンスや石垣などに絡み付いているのを見かける

果実は球形で黄褐色に熟す

悪臭の元はメルカプタンという揮発性の物質で、葉を食べたり汁を吸う害虫をこの悪臭で駆除するそうです。

●ヒルガオ科
[Ipomoea purpurea]

マルバアサガオ

草の花

熱帯アメリカ原産で、江戸時代に観賞用に導入したものが野生化し、野原、土手などで見かけるが、栽培もされている。茎には下向きの毛があり、アサガオに似た漏斗形(ろうとけい)の花を咲かす。花色(はないろ)は青、赤、白などがある。果実は下向きのまま熟す。

花を上から見るとほぼ円形に見える▶

分　類：1年草
花　期：8〜9月
草　丈：2〜3m
分　布：本州〜沖縄（帰化植物）
漢字名：丸葉朝顔

果実は下向きにつく

葉は裂けずに丸い　　古くから観賞用に栽培されたが、現在では野生のほうが多い

花期
1
2
3
4
5
6
7
8
9
10
11
12

❋ 名は、葉が円いアサガオの意味。アサガオの葉は浅く3裂した鉾形(ほこがた)ですが、マルバアサガオは、円形で先が尖った葉をつけます。

285

マルバルコウ

●ヒルガオ科
[Quamoclit coccinea]

熱帯アメリカ原産の帰化植物。江戸時代に観賞用に導入したものが逃げ出して野生化し、荒地や道端などで見かける。先が尖ったハート形の葉のわきから長い花柄を伸ばし、雄しべと雌しべが外に突き出た漏斗形の花を3～5個つける。

◀長い筒のある花は上から見ると5角形

分　類：1年草
花　期：7～10月
草　丈：1～2m
分　布：関東地方以西
　　　　（帰化植物）
漢字名：丸葉縷紅
別　名：ルコウアサガオ

葉は先が尖ったハート形

茎は蔓性（つるせい）。種子の発芽率が高く、繁茂して一面に広がる

モミジバルコウ

葉が糸状に細く裂けたルコウソウとマルバルコウとの交配種に、葉がモミジ形になるハゴロモルコウ（モミジバルコウ）があります。

●ヤマゴボウ科
[Phytolacca americana]

ヨウシュヤマゴボウ

草の花

空き地や道端などでよく見かける。茎や枝の先に、やや赤みを帯びた白い小さな花を穂状につける。白い萼片(がくへん)が花弁のように見えるが、花弁はない。果実は緑から黒紫色に熟し、垂れ下がる。有毒植物で、名にゴボウがついていても食べられない。

白い花弁のような萼が5枚ある▶

分　類：多年草
花　期：6〜9月
草　丈：80〜200cm
分　布：本州〜九州（帰化植物）
漢字名：洋種山牛蒡
別　名：アメリカヤマゴボウ

果実は球形で黒く熟す

太い茎が赤みを帯びる

北アメリカ原産。明治時代に渡来し、街なかの空き地でも見かける

花期
1
2
3
4
5
6
7
8
9
10
11
12

✿ 秋に果実が濃い紫色に熟し、子どもたちの「色水遊び」の材料になりますが、果実も有毒なので、口に入れないよう注意しましょう。

287

草の花

アキノノゲシ

●キク科
[Lactuca indica]

ノゲシ(p221)に似ていて、秋に咲くのが名の由来。全体に無毛で、茎や葉を切ると白い乳液が出る。太い茎に羽状に深く切れ込んだ葉が交互につき、茎の先に淡黄色の花を多数つける。花は日中に開いて夕方にしぼみ、曇りや雨の日は開かない。

◀花は舌状花のみで、直径2cm

分　類：1年草～越年草
花　期：9～11月
草　丈：60～200cm
分　布：日本全土
漢字名：秋の野芥子、
　　　　秋の野罌粟

葉は羽状に裂ける

花期
1
2
3
4
5
6
7
8
9
10
11
12

荒地や野原などで見かける。太い茎が人の背丈以上に伸びてよく目立つ

茎の先に多数の花が咲く

ケシの名がつきますが、野菜のレタスの仲間です。春の若い葉は、サラダや和え物、油炒めなどにするとおいしく食べられます。

● タデ科
[Persicaria longisetum]

イヌタデ

草の花

田の畦、道端、空き地などのやや湿り気のある場所でよく見かける。枝分かれした茎の先に、紅色の小さな花が穂状に多数つく。昔の子どもは、この花や実を赤飯に見立てて、ままごと遊びに使ったことから、アカマンマの名もある。

赤い萼片（がくへん）が花弁（かべん）のように見える▶

分　類：1年草
花　期：6〜11月
草　丈：20〜50cm
分　布：日本全土
漢字名：犬蓼
別　名：アカマンマ

花の穂は直立する

広披針形（こうひしんけい）の葉が互生する 　田の畦で、ヨメナと一緒に咲いている姿は素朴で、親しみがある

花期
1
2
3
4
5
6
7
8
9
10
11
12

✿ 香辛料としてタデ酢などに使われるヤナギタデに似ているが、葉に辛味がなく食用にならないことから、イヌタデと呼ばれています。

289

オオケタデ

●タデ科
[Persicaria pilosa]

江戸時代に観賞用に導入されたが、現在では庭より、道端や荒地、河原などで見かけるほうが多い。草丈が高く、全体に毛が多いのが名の由来。太い茎が直立し、紅紫色の小さな花をびっしりつけた花穂が枝先について、弓なりに垂れ下がる。

◀花穂の長さ5〜10cm

分　類：1年草
花　期：7〜10月
草　丈：1〜2m
分　布：各地（帰化植物）
漢字名：大毛蓼
別　名：トウタデ、ハブテコブラ

葉は広卵形（こうらんけい）で先が尖る

東南アジア原産。花の色はいつまでも褪せず、次々と新しい花が咲く

オオベニタデ

オオケタデより大型で、花の色が濃いものをオオベニタデ（ベニバナオオケタデ）といって、区別することがあります。

290

●オミナエシ科
[Patrinia scabiosaefolia]

オミナエシ

草の花

秋の七草の一つで、日当たりの良い野原や土手などで見かける。枝分かれした茎の先に黄色い小さな花が集まって咲き、風にゆらぐやさしげな風情が万葉の昔から愛されてきた。仲間のオトコエシは大形で、茎や葉に毛が多く白い花が咲く。

花は直径3～4mm。5裂して開く▶

分　類	多年草
花　期	8～10月
草　丈	60～100cm
分　布	北海道～九州
漢字名	女郎花
別　名	オミナメシ、アワバナ、ハイショウ

黄色い花を密につける

白い花のオトコエシ

草地などで見かける。やさしい草姿(すがた)から秋の風情が感じられる

花期
1
2
3
4
5
6
7
8
9
10
11
12

細かくて愛らしい花を「粟の飯」=アワノメシに見立てて、アワノメシ→オミナメシ(女飯)→オミナエシと変化したのが名の由来といわれています。

291

キクイモ

●キク科
[Helianthus tuberosus]

北アメリカ原産。幕末の頃渡来し、家畜の餌や食用に栽培されたものが逃げ出して、道端や河川敷などで野生化しているのをよく見かける。根の先に芋ができ、掘り取って漬物や天ぷら、煮物などに利用する。地下の芋が小さいイヌキクイモもある。

◀枝の先に1つずつ花が咲く

分 類	多年草
花 期	9〜10月
草 丈	1.5〜3m
分 布	ほぼ全国（帰化植物）
漢字名	菊芋
別 名	アメリカイモ、エルサレムアーティチョーク

地下にできる芋

ヒマワリを小さくしたような花が群がって咲き、秋空によく映える

イヌキクイモの花

🍀 キクイモとイヌキクイモはそっくりで、地上部での区別は困難ですが、開花時期で見分けられます。イヌキクイモの開花は7〜8月です。

●キツネノマゴ科
[Justicia procumbens var. leucantha]

キツネノマゴ

草の花

田の畦（あぜ）や土手、空き地、道端など人里近くでよく見かける。全体に短い白い毛が生えている。四角い茎に卵形の葉が向かい合ってつき、茎の先や葉のわきに穂状に小さな花を開く。花は上下に分かれた唇形花（しんけいか）で、上唇が白色、下唇は淡紅色を帯びる。

穂状の花穂（かすい）に花がまばらに咲く▶

分　類：1年草
花　期：8～10月
草　丈：10～40cm
分　布：本州～九州
漢字名：狐の孫

茎はよく枝分かれする

葉は縁（ふち）が滑らかで対生（たいせい）する 　　日の当たる空き地などでよく見かける

花期
1
2
3
4
5
6
7
8
9
10
11
12

🌼 毛の多い花穂を子ギツネの尻尾に見立てたのが名の由来といわれていますが、語源は不明です。

293

草の花

セイタカアワダチソウ

●キク科
[Solidago altissima]

北アメリカ原産のたくましい帰化植物で、空き地や道端、休耕田、河川敷などでよく見かける。茎の上部に出た多くの枝に、黄色の小さな花が集まってびっしりとつく。花が終わると白いタネが泡のように盛り上がって見えるのが名の由来。

◀黄色い花が枝の上側に片寄ってつく

分　類：多年草
花　期：10～11月
草　丈：80～250cm
分　布：ほぼ日本全土
　　　　（帰化植物）
漢字名：背高泡立草
別　名：セイタカアキノキリンソウ

花期
1
2
3
4
5
6
7
8
9
10
11
12

戦後急速に広まり、今では日本の秋の風景になじんでいる

茎や葉は短毛が生えざらざらする

果実が泡立つようにつく

一時は花粉症の原因植物にされましたが、虫が花粉を運ぶ虫媒花なので、花粉が風で飛ぶことはないため、花粉症とは無関係です。

294

●キク科
[Aster ageratoides var. ovatus]

ノコンギク

草の花

野菊の代表的な一つで、日当たりのよい乾燥した道端や土手などで見かける。茎や葉に毛があり、触れるとざらつき、枝の先に淡紫色（たんししょく）の花が多数ついて、花が重なりあうように咲く。よく似ているヨメナは葉がざらつかず、やや湿ったところに生える。

花が重なりあって咲く▶

分　類：多年草
花　期：8〜11月
草　丈：50〜100cm
分　布：本州〜九州
漢字名：野紺菊

葉の両面に毛がありざらざらする

ヨメナ

日当たりのよい場所に、地下茎を横に伸ばして繁茂する

花期
1
2
3
4
5
6
7
8
9
10
11
12

🌼 名は「野に咲く紺色の菊」の意。一般に野菊と呼ばれるものの一つで、伊藤左千夫の「野菊の墓」に出てくるのはこの植物だそうです。

295

ハキダメギク

●キク科
[Galinsoga ciliata]

「掃き溜め」はゴミ捨て場のことで、東京都世田谷区のゴミ捨て場の近くで最初に見つかったのが名の由来。大正時代に渡来したが、戦後急速に広まり、道端や畑のわきなどでよく見かける。花は小さく、外側の白い花弁(かべん)の先が3つ裂けている。

◀花は直径5mmほどで、次々咲く

分　類：1年草
花　期：5〜12月
草　丈：10〜60cm
分　布：本州以西（帰化植物）
漢字名：掃溜菊

熱帯アメリカ原産。花期が長く、暖地ではほぼ1年中開花している

茎や葉には毛が多い

葉は卵形で、対生する

名前の命名者は牧野富太郎博士です。博士は「頭花は汚白色だが、よく見ると星の光のようで美しい」と解説しています。

●ヒガンバナ科
[Lycoris radiate]

ヒガンバナ

草の花

秋の彼岸の頃に咲くのが名の由来。別名の曼珠沙華は、梵語で「天上に咲く赤い花」の意味。真っ直ぐに立ち上がった長い花茎の先に、細い線形の花びらが大きく反り返った花を咲かせ、花後に葉が伸びて広がり、冬を越して晩春に枯れる。

▶6本の雄しべ(おしべ)が花の外に突き出る

分　類：球根
花　期：9〜10月
草　丈：30〜50cm
分　布：日本全土
漢字名：彼岸花
別　名：マンジュシャゲ

花後に線形の葉が出る

シロバナマンジュシャゲ

もともとの自生ではなく、古い時代に中国から渡来したといわれている

花期
1
2
3
4
5
6
7
8
9
10
11
12

球根にアルカロイドを含む有毒植物で、ネズミの忌避のために人為的に植えられたと言われ、それで人里付近で見かけます。

297

草の花

ヒヨドリジョウゴ ●ナス科
[Solanum lyratum]

ヒヨドリがこの実を好んで食べることが名の由来だが、毒草である。野原や林の縁などに生えるほか、鳥に運ばれて都市でも見かける。茎は蔓状で、ほかのものに絡みつきながら長く伸び、白い花を多数咲かせる。秋に球形の赤い実をつける。

◀花は長さ1cmで、花びらが反り返える

分　類：多年草
花　期：8〜9月
草　丈：1〜3m
分　布：日本全土
漢字名：鵯上戸

花期
1
2
3
4
5
6
7
8
9
10
11
12

日当たりのよい林の縁（ふち）や街中の石垣などで見かける

茎にも葉にも毛が密生している

果実は赤く熟し吊り下がる

枝先に赤い実が垂れ下がり、葉が枯れても残っていてきれいですが、全草、特に果実にアルカロイドを含むので、間違っても口にしないこと。

298

●キク科
[Eupatorium fortunei]

フジバカマ

草の花

中国原産で、奈良時代に薬草として渡来したといわれ、万葉集にも登場する。淡紫色の花を密につけて涼風にそよぐ姿は風情がある。葉はふつう3つに深く裂け、縁に鋭いギザギザがあり、乾燥させると桜餅のような上品な香気を発する。

園芸種は花の色が濃い▶

分 類：多年草
花 期：8～9月
草 丈：100～180cm
分 布：関東以西～九州
漢字名：藤袴

茎の下につく葉は3裂する

花の色が白いタイプ

野生のものは絶滅危惧種に指定されているが、園芸種は庭で見かける

花期
1
2
3
4
5
6
7
8
9
10
11
12

秋の七草の一つ。筒状の花弁を袴に見立て、花の色とあわせて藤袴と呼ばれています。

299

ミゾソバ

●タデ科
[Polygonum thunbergii]

田の畦や水辺でよく見かける野草で、溝にそって群生し、ソバに似た草の意味からこの名前がある。茎は地を這い、上部が立ち上がって枝の先に小さな花が集まって金平糖のように咲く。花弁はないが、花弁のような萼片の先がピンクに染まる。

◀ 5裂する萼が花弁のように見える

分　類：1年草
花　期：7～10月
草　丈：30～80cm
分　布：北海道～九州
漢字名：溝蕎麦
別　名：ウシノヒタイ

小さな花が枝の先につく

湖沼や小川などの水辺に群生(ぐんせい)し、白花も見かける

葉は卵状鉾形

🌼 卵状の三角形の葉が、牛の顔を正面から見た時の形に似ているので、ウシノヒタイの別名もあります。

●バラ科
[Sanguisorba officinalis]

ワレモコウ

草の花

日当たりのよい野原や道端で見かける。茎の上部が枝分かれして、それぞれの枝の先に暗赤色の花穂が直立する。花穂は小さな花が集まったもので、花穂の先端から咲きはじめる。羽状に裂けた葉を揉むと、かすかにスイカのような香りがする。

花弁(かべ)がなく、花に見える部分は萼片(がくべん)▶

分　類：多年草
花　期：7〜10月
草　丈：50〜120cm
分　布：北海道〜九州
漢字名：吾亦紅、吾木香

花穂は長さ1〜2cmで短い

葉の縁(ふち)に細かいギザギザがある 　　寂しげなひっそりとしたたたずまいが好まれる

花期
1
2
3
4
5
6
7
8
9
10
11
12

小さいながら紅色の花をつけ、「我も紅」と存在を主張しているから吾亦紅(われもこう)の名がついたという説があります。

301

草の花

アキノキリンソウ ●キク科
[Solidago virgaurea subsp. asiatica]

初秋の草原を黄色に彩る野草の一つ。ベンケイソウ科のキリンソウに似た花を秋に咲かせるのが名の由来。細くてもしっかりした茎の枝先に小さな黄金色の花が穂状につく。卵形の葉は縁にギザギザがあり、茎の上につく葉ほど小形になる。

◀花は直径1.2〜1.4cm

分　類	多年草
花　期	8〜11月
草　丈	30〜60cm
分　布	北海道〜九州
漢字名	秋の麒麟草
別　名	アワダチソウ

卵形の葉が互生する

花期
1
2
3
4
5
6
7
8
9
10
11
12

黄色い花がよく目立ち、秋の訪れを感じさせる

ベンケイソウ科のキリンソウ

小さな花が盛り上がって咲くようすを、酒を仕込むときに立つ泡に見立てて、泡立草の別名があります。

302

●キク科
[Cirsium tanakae]

ノハラアザミ

草の花

名は、野原に多いアザミの意味で、野原や荒地、土手などで見かける。茎の先が枝分れし、枝先に紅紫色のアザミ形の花が上を向いて咲く。羽状に深く裂けた葉の縁には鋭いとげがある。同じ頃に咲くタカアザミは、下垂して花が咲く。

総苞(そうほう)にクモの巣状の毛があり粘らない▶

分　類：多年草
花　期：8～10月
草　丈：40～100cm
分　布：中部地方以北
漢字名：野原薊

葉脈が赤みを帯びる

タカアザミ

里山の草地でよく見かけるアザミで、秋に花を咲かせる

花期
1
2
3
4
5
6
7
8
9
10
11
12

🍀 春から夏に咲くノアザミに似ていますが、ノハラアザミは晩夏から秋に咲いて、花を包む総苞が粘らないので、見分けられます。

303

ヤクシソウ

●キク科
[Youngia denticulata]

全体に無毛で、茎も葉も軟らかな感じがある。茎を折ると白い乳液が出て、チチグサなどとも呼ばれる。よく分枝した枝先に黄色い花が秋遅くまで次々開く。花が咲き終わると、花柄が曲がって下を向き、しぼんだ花がぶら下がるのが特徴。

◀花弁（かべん）のような舌状花が 12 〜 13 枚つく

分　類：多年草
花　期：8 〜 11 月
草　丈：30 〜 120cm
分　布：北海道〜九州
漢字名：薬師草
別　名：チチグサ、ウサギノチチ

日当たりのよい斜面や道端などでよく見かける

花がしぼむと下向きになる

長楕円形の葉が互生する

ヤクシソウという名の由来は、葉の形が薬師如来の光背に似ているからとか、この花が発見されたのが奈良市の薬師寺のそばだったからなど、諸説あります。

散歩で見かける 樹の花

アカシア

●マメ科
[Acacia]

たくさんあるアカシアの仲間の中で、庭や公園で見かけるのはギンヨウアカシアとフサアカシア。どちらにも小さな球形の花が、枝がしだれるほど房状について咲く。葉は羽状で、ギンヨウアカシアは裏が銀白色、フサアカシアは小葉が長い。

◀小さな玉のような花が多数つく

分　類：常緑高木
花　期：3～4月
樹　高：8～15m
原産地：オーストラリア
別　名：ミモザアカシア

ギンヨウアカシアの果実

銀緑色の葉をつけ、満開時は株全体が金色の花で覆われる　　フサアカシア

フサアカシアは、別名のミモザアカシアを縮めて「ミモザ」と呼ばれることがありますが、ミモザは本来、ネムノキのことです。

● ツツジ科
[Pieris japonica subsp. japonica]

アセビ

樹の花

壺形の白い花が枝先に房状に垂れ下がる。葉は厚くしなやかで、先がとがった楕円形。桃色の花が咲くベニバナアセビもある。葉に有毒成分を含み、食べると足がしびれることから「足痺(あししび)」がつまって別名の「アシビ」になったといわれる。

秋に蕾(つぼみ)をつけ、早春から開花する▶

分　類：常緑低木〜小高木
花　期：2〜5月
樹　高：1〜8m
分　布：本州〜九州
漢字名：馬酔木
別　名：アシビ、アセボ

果実は9〜10月に熟す

ベニバナアセビ

「アシビ」の名で万葉集にも登場し、古くから親しまれている

花期
1
2
3
4
5
6
7
8
9
10
11
12

漢字では「馬酔木」と書きます。馬が誤って食べてしまうと、毒がまわって酔っぱらったようになることからこの字があてられました。

樹の花

ウメ

●バラ科
[Prunus mume]

古い時代に中国から渡来した。観賞用のほか、実を利用するために広く植えられている。春早く、香りのよい愛らしい花を咲かせる。花色(はないろ)や花形(はながた)が違う園芸種が多数ある。葉は先がとがった楕円形で、縁(ふち)にギザギザがある。果実は熟しても強い酸味が残る。

◀基本は5弁花だが、八重咲き(やえざき)もある

分　類：落葉小高木
花　期：2～3月
樹　高：3～5m
原産地：中国
漢字名：梅
別　名：ムメ

'八重松島'

花期
1
2
3
4
5
6
7
8
9
10
11
12

里山の早春の花木として親しまれ、高貴な香りを漂わせて咲く

果実は6月に黄緑色に熟す

ウメが日本に渡来したのは奈良時代以前で、万葉の時代には観梅を楽しんでいたといわれていますが、種類はまだ白梅だけだったようです。

● モクセイ科
[Jasminum nudiflorum]

オウバイ

樹の花

江戸時代に中国から渡来した。春早く、葉が出る前に花を咲かせる。花は先が深く6裂する筒状花で、垂れ下がった枝一面につく。香りのよいジャスミンの仲間だが、この花には香りがない。名は、黄色い花をウメの花に見立てたもの。

花が咲いている時期には葉がない▶

分　類：落葉低木
花　期：2～4月
樹　高：30～80cm
原産地：中国
漢字名：黄梅
別　名：ゲイシュンカ

枝は蔓（つる）状に伸びてしだれる

ウンナンオウバイ

早春に花を咲かせ、中国では「迎春花（げいしゅんか）」と呼ばれている

花期
1
2
3
4
5
6
7
8
9
10
11
12

この花に花が似ているウンナンオウバイ（別名オウバイモドキ）は常緑であることと、一重（ひとえ）、二重（ふたえ）、八重（やえ）咲きが混じって咲くことなどが見分けるポイント。

309

コブシ

●モクレン科
[Magnolia]

コブシは冬枯れの里山に春を告げる美しい花木。葉が出る前に、枝の先に香りのよい白い6弁花を開く。花の下に小さな葉が1枚つくのが特徴で、葉がつかないタムシバと見分けられる。コブシより樹高が低いシデコブシもよく見かける。

◀花弁(かべん)の基部が紅色を帯びる

分　類：落葉小高木〜高木
花　期：3〜5月
樹　高：3〜20m
分　布：北海道〜九州
漢字名：辛夷
別　名：ヤマアララギ、
　　　　タネマキザクラ、
　　　　タウチザクラ

ベニバナシデコブシ

コブシの果実

里山に咲いて、遠くからでもよく目立つ

果実がゴツゴツしていて、握りこぶしに似ているのが名前の由来です。

● ミズキ科
[Cornus officinalis]

サンシュユ

樹の花

薬用として中国から渡来し、庭や公園などでよく見かける。葉が出る前に枝一面に黄色の小さな花のかたまりをつけ、満開になると木全体が黄金色に染まって見える。そこから春黄金花の別名もある。秋に赤く熟す果実は薬用にされる。

花は丸く集まって咲く▶

分　類：落葉小低木
花　期：3〜4月
樹　高：3〜10m
原産地：中国
漢字名：山茱萸
別　名：ハルコガネバナ、アキサンゴ

赤く熟した果実

枝は斜め上向きに伸びる

薬用として江戸中期に導入されたが、今では早春の代表的な花木の一つに

花期
1
2
3
4
5
6
7
8
9
10
11
12

名は中国名の山茱萸を音読みにしたもの。別名のアキサンゴは、秋に葉が落ちた後に残る赤い果実を、珊瑚に見立てて名付けられました。

ジンチョウゲ

●ジンチョウゲ科
[Daphne odora]

庭や生垣などでよく見かける。花から甘い香りが漂う。花は球状につき、蕾（つぼみ）のときは紅紫色、開くと白色になる。花弁（かべん）のように見えるのは、先端が4裂した肉厚の萼筒（がく）。雌雄異株で、日本では雄株が多いため、果実を見ることはほとんどない。

◀濃緑色で光沢のある葉が互生する

分　類：常緑低木
花　期：2〜4月
樹　高：1〜1.5m
原産地：中国
漢字名：沈丁花
別　名：リンチョウゲ

咲き分けジンチョウゲ

甘い香りを漂わせ、花を見なくても咲いていることがわかる

フイリジンチョウゲ

春の到来を花の香りで知らせてくれます。この香りを、代表的な香木の沈香（じんこう）と丁字（ちょうじ）の名香にたとえて「沈丁花」といいます。

●マンサク科
[Corylopsis spicata]

トサミズキ

樹の花

高知県に自生する日本の固有種で、清涼感あふれる黄色の花が、冬枯れの景色によく映える。葉が芽吹く前の枝先に、7輪ほどの小花が穂状に垂れ下がる。卵状の葉は葉脈が目立ち、基部が凹んでハート形になるのが特徴で、新緑の頃も美しい。

◀雄しべ(おしべ)の葯(やく)が暗紅色で目立つ

分　類：落葉低木〜小高木
花　期：3〜4月
樹　高：2〜4m
分　布：高知県
漢字名：土佐水木

花は半開して完全に開かない

花が終わると葉が出る

自生地は限られているが、北海道を除く各地の公園や庭などに植栽される

花期
1
2
3
4
5
6
7
8
9
10
11
12

名にミズキとありますが、ミズキ科ではなくマンサク科。高知県(土佐)に自生し、葉がミズキ科の植物に似ることが名の由来。

313

ハゴロモジャスミン

●モクセイ科
[Jasminum polyanthum]

枝先に香りのよい小さな花が房状に30〜40輪ずつ群がってつき、株全体を覆うように咲く。ほんのりと淡い紅色を帯びた蕾(つぼみ)が開くにつれて花色(はないろ)は純白へと変化していき、甘い香りに包まれる。仲間にソケイやマツリカなどがある。

◀花弁(かべん)が線状になるオオシロソケイ

分　類：常緑蔓(つる)性木本
花　期：3〜5月
樹　高：3〜5m（蔓の長さ）
原産地：中国南部
漢字名：羽衣ジャスミン

葉色がライム色の黄金葉種(おうごんばしゅ)

耐寒性があり、暖地ではフェンスなどに絡まっているのを見かける　　葉は羽状複葉

良い香りを放つジャスミンの仲間で、羽状に裂けた繊細な葉を天女の羽衣に見立てて、羽衣ジャスミンと呼ばれています。

●マンサク科
[Corylopsis pauciflora]

ヒュウガミズキ

樹の花

トサミズキ（p313）の仲間で、淡い黄色の花が枝からぶら下がるように下向きに咲く。花穂（かすい）は短く、2～3個の花がつく程度だが、よく枝分かれして、細い枝に花が並ぶように賑やかに咲き、いかにも春が来たという感じになる。

▶花穂が短く、雄しべ（おしべ）の葯（やく）は黄色

分　類：落葉低木
花　期：3～4月
樹　高：1～2m
分　布：石川県～兵庫県の日本海側
漢字名：日向水木
別　名：イヨミズキ、ヒメミズキ

花は葉が出る前に咲く

長さ3～6mmの冬芽

トサミズキに比べて枝が細く、全体に小型だが、花が枝いっぱいに咲く

花期
1
2
3
4
5
6
7
8
9
10
11
12

名前の由来は、葉がミズキ科の植物に似ていることと、京都付近に多く生えるので、この地の領主だった明智日向守光秀（あけちひゅうがのかみみつひで）にちなむという説があります。

315

ボケ

●バラ科
[Chaenomeles speciosa]

平安時代に中国から渡来したといわれる。江戸時代以降、多くの品種がつくられ、庭や公園で見かけるほか、盆栽にも利用される。早春に咲く華やかな花が魅力的で、同じ株に紅色と白い花を咲かせる「咲き分け種」や「八重咲き種」などがある。

◀花は5弁花で、直径2〜5cm

分　類：落葉低木
花　期：3〜5月
樹　高：30〜200cm
原産地：中国
漢字名：木瓜
別　名：カラボケ

枝には鋭いトゲが生える

幹が立ち上がって花をつけ、春の庭をひときわ鮮やかに飾る

果実は9〜10月に熟し芳香がある

名は中国名の木瓜の音が変化したものという説が有力。果実は熟すとよい香りがし、果実酒などにします。

●マンサク科
[Hamamelis japonica]

マンサク

樹の花

この変わった名の由来は、ほかの花に先駆けて一番に咲く花なので「まず咲く」から名付けられたとか、花を枝いっぱいに咲かせる様子を「豊年満作」に例えたとも言われている。花は細長いひも状で4弁花。花色が赤いアカバナマンサクもある。

細くねじれた花弁が4枚ある▶

分　類：落葉小高木
花　期：2～3月
樹　高：3～6m
分　布：北海道～九州
漢字名：万作、満作
別　名：ソネ

アカバナマンサク

シナマンサク

マンサクは日本固有の木。花期に枯れた葉が残らない

花期
1
2
3
4
5
6
7
8
9
10
11
12

中国原産のシナマンサクは、花が大ぶりで花弁が長いのが特徴です。花期でも昨年の枯れた葉が枝に残っているので見分けられます。

317

ミツマタ

●ジンチョウゲ科
[Edgeworthia chrysantha]

褐色の枝の先に、小花が蜂の巣状にかたまってつき、甘い香りのある黄色い花をやや下向きに咲かす。花は花弁がなく、筒状の萼片が4裂して開く。萼の内側は鮮黄色、外側には白い毛が生えている。花の内側が朱赤色のベニバナミツマタもある。

◀花は葉が出る前に半球状に咲く

分　類：落葉低木
花　期：3～4月
樹　高：1.2～2m
原産地：中国、ヒマラヤ
漢字名：三叉、三椏
別　名：サキクサ

室町時代に渡来し、古くから紙の原料や庭木として栽培されている

枝が3つに分かれて出る

ベニバナミツマタ

枝が必ず3本に分かれることが名の由来です。樹皮が丈夫で、和紙の原料に使われていることで知られ、日本の紙幣の原料にもなっています。

●バラ科
[Spiraea thunbergii]

ユキヤナギ

樹の花

春、季節外れの雪が積もったように、小さな白い花が木全体を覆うように咲く。花は小輪の5弁花で、新葉とともに2、3個ずつかたまって開く。葉は先がとがった長楕円形で互生し、秋の黄葉も楽しめる。桃色の花が咲く園芸品種もある。

5弁花の小さな花はわずかに香る▶

分　類：落葉低木
花　期：3〜4月
樹　高：1〜2m
分　布：関東地方以西〜九州
漢字名：雪柳
別　名：コゴメバナ、イワヤナギ

黄葉

ピンク花'フジノピンキー'　　しなやかな細い枝が純白の花で埋めつくされる

花期
1
2
3
4
5
6
7
8
9
10
11
12

葉がヤナギに似ていて、花が雪を思わせることが名の由来。花が散ると、地面に小米（こごめ）（砕いた米）を撒いたように見えることから、別名は小米花（こごめばな）です。

319

レンギョウ

●モクセイ科
[Forsythia suspensa]

中国原産で、日本へは江戸時代に渡来した。葉が出る前に鮮黄色の花をたくさん咲かせ、弓状に長く伸びる枝は地面につくと発根する。新芽とともに下向きに花を開くシナレンギョウや大形で花の色が濃いチョウセンレンギョウなどもある。

◀花は先が4裂して開く

分　類：落葉性低木
花　期：3〜4月
樹　高：1〜3m
原産地：中国
漢字名：連翹
別　名：レンギョウツギ、イタチハゼ

細い枝が弓なりに垂れ下がり、株全体に花が咲くチョウセンレンギョウ

やや枝が立つシナレンギョウ

花が少ないヤマトレンギョウ

日本原産のレンギョウには、ヤマトレンギョウ、ショウドシマレンギョウなどがありますが、栽培はまれで、見る機会はほとんどありません。

●マメ科
[Cytisus scoparius]

エニシダ

樹の花

江戸時代に中国を経て渡来し、庭や公園などで見かける。しなやかな枝に黄金色の花が群れて咲く様子を金色のスズメに見立てて金雀枝と書く。花に赤いぼかしが入るものをホオベニエニシダという。ほかにも園芸種が多く、花色も豊富。

花は蝶形花（ちょうけいか）'赤花' ▶

分　類：落葉低木
花　期：4〜5月
樹　高：1〜3m
原産地：地中海沿岸
漢字名：金雀枝、金雀児
別　名：エニスダ

ホオベニエニシダ

仲間のシロバナエニシダ

枝は箒状に分枝して弓状にしだれ、株全体が黄色に彩られる

花期
1
2
3
4
5
6
7
8
9
10
11
12

名は学名の「ゲニスタ」、またはオランダ名の「エニスタ」が変化したものといわれています。

オオデマリ

●スイカズラ科
[Viburunum plicatum var. plicatum]

樹の花

江戸時代から観賞用に栽培されている花木。アジサイによく似た、白い手毬形(てまり)の花が枝の先に並んでつく。咲きはじめは緑色を帯びているが、ゆっくりと開いてしだいに純白になっていく。最近は、ピンクの花をつける園芸種も見かける。

◀花の大きさは10cm以上ある

分　類：落葉低木
花　期：5〜6月
樹　高：1.5〜3m
原産地：日本
漢字名：大手毬
別　名：テマリバナ、テマリカ

はじめは緑色の手毬形

花期
1
2
3
4
5
6
7
8
9
10
11
12

英名はジャパニーズ・スノーボール。花は雪玉のようでよく目立つ

ヤブデマリ

オオデマリは、林の中の湿った場所に生えるヤブデマリの園芸種で、花全部が雄(お)しべ、雌(め)しべをもたない装飾花です。花の姿から手毬花(てまりばな)の別名もあります。

●バラ科
[Malus halliana]

カイドウ

樹の花

リンゴの仲間で、実を楽しむカイドウもあるが、ふつうカイドウといえばハナカイドウを指す。八重桜の咲く頃に、若葉が開くと同時にピンクの一重や八重の花を長い花柄の先に下向きに開く。花が上向きに咲くウケザキカイドウもある。

花弁(かべん)は5～10枚。うつむいて咲く▶

分　類：落葉低木～小高木
花　期：3～4月
樹　高：3～8m
原産地：中国
漢字名：海棠
別　名：スイシカイドウ

ハナカイドウ

ウケザキカイドウ

淡紅色の花が優美に垂れ下がって、枝いっぱいに咲かせる

花期
1
2
3
4
5
6
7
8
9
10
11
12

ハナカイドウには長い花柄があり、花がうつむくように下垂するのが特徴です。垂糸海棠(すいしかいどう)の別名もあります。

樹の花

カリン

●バラ科
[Chaenomeles sinensis]

庭や公園などでよく見かける。5弁の桃色の花を枝先に1つずつ咲かせる。葉は互生で長楕円形。秋に楕円形の大きな果実がなる。黄色に熟すと甘い香りを放つが、硬くて渋味があり、生では食べられない。古い樹皮が鱗(うろこ)状にはがれるのが特徴。

◀花は5弁の淡紅色

分 類：落葉高木
花 期：4～5月
樹 高：3～10m
原産地：中国
漢字名：花梨、花櫚、榠樝
別 名：アンランジュ

実は秋に黄色く熟す

樹肌

マルメロの花

花期
1
2
3
4
5
6
7
8
9
10
11
12

平安時代には渡来していたといわれ、ピンクの花が新緑の葉に映えて美しい

よく似ているマルメロの花は白か淡い桃色。果実は洋ナシ形で表面が綿毛で覆われています。長野県諏訪地方では、マルメロをカリン呼んでいます。

●バラ科
[Spiraea cantoniensis]

コデマリ

樹の花

古い時代に中国から渡来した。白い小さな花がかたまって、しだれる枝に並んでつく。球形に咲く花を小さな手毬(てまり)に見立てたのが名の由来。葉は先が尖ったひし形の長楕円形で互生する。八重(やえ)咲きや斑(ふ)入り葉の園芸品種もある。

▶1つの花房に数十個の小花がつく

分 類：落葉低木
花 期：4～5月
樹 高：2～3m
原産地：中国
漢字名：小手毬
別 名：スズカケ

枝先が垂れるのが特徴

黄金葉(おうごんば)コデマリ

庭、公園などに植えられ、優美に枝垂れる姿が楽しめる

花期
1
2
3
4
5
6
7
8
9
10
11
12

花が鈴をかけたように並ぶので、古くは鈴懸(すずかけ)と呼ばれていました（「鈴懸の木」のことではありません）。

325

サクラ

●バラ科
[Prunus]

日本を代表する花木で、古くから日本人に親しまれてきた。庭や公園や街路など、街のいたるところで見かける。多くの種類があるなかでもよく見かけるのはソメイヨシノ、ヤマザクラ、オオシマザクラ、八重(やえ)ザクラ、シダレザクラなど。

◀沖縄では1月末に満開になるカンヒザクラ

分 類：落葉小高木〜高木
花 期：3〜5月
樹 高：2〜10m
分 布：日本全土
漢字名：桜

花が小形のカワヅザクラ

ソメイヨシノの果実

ソメイヨシノの紅葉

江戸時代末期に東京染井村（現在・豊島区）の植木職人が作ったソメイヨシノ

ソメイヨシノはまれに果実をつけても、ほとんど発芽しないため、挿し木で広まりました。全国のソメイヨシノは親が一つのクローン植物です。

樹の花

ヤマザクラ。日本の野生のサクラの代表で、奈良県吉野山の群生(ぐんせい)地が有名。葉が開くと同時に開花する

シダレザクラ。別名を糸桜(いとざくら)といい、細い枝を垂らす優美な姿が好まれ、平安の昔からよく植えられている

オオシマザクラ。伊豆大島のサクラの意で、この名がある。葉を塩漬けにして桜餅を包むのに使う

サトザクラ '紅豊(べにゆたか)'。北海道で作出され、別名は松前紅豊(まつまえべにゆたか)。花にわずかに芳香があり、ソメイヨシノより開花期が遅い

樹の花

アメリカザイフリボク

●バラ科
[Amelanchier canadensis]

葉が枝を飾る前に、枝先に純白の清楚な5弁花を花房のようにつけ、株を覆うように咲く。葉は繊細な印象をもつ長楕円形で、互生し、秋には美しく紅葉する。6月頃に黒紫色に熟す果実は甘くておいしい。生食のほかジャムや果実酒に利用される。

◀花が枝先に集まって咲く

分　類：落葉小高木
花　期：4〜5月
樹　高：2〜8m
原産地：北アメリカ
漢字名：西洋采振木
別　名：ジューンベリー

生食できる甘い果実

花期
1
2
3
4
5
6
7
8
9
10
11
12

花、果実、紅葉が楽しめ、白い花が枝一面に咲く

秋の黄葉

北アメリカの東部〜中部原産で、多汁で甘い果実は先史時代から先住民に食用とされていたそうです。

328

●バラ科
[Rhodotypos scandens]

シロヤマブキ

樹の花

庭などに植えられて、花とともに黒い果実も観賞できる。根元から太い枝が立ち上がって、枝の先に白い4弁花を1つずつつける。葉は先のとがった卵形で向かい合ってつき、縁にギザギザがある。果実は4つずつ「田」の字に集まってつく。

花径3〜4cmで、花弁(かべん)が4枚ある▶

分 類：落葉低木
花 期：4〜5月
樹 高：1〜2m
分 布：本州の中国地方
漢字名：白山吹

葉は対生(たいせい)する

果実は光沢のある黒色に熟す 　　やや太い枝が直立するが、楚々とした雰囲気がある

花期
1
2
3
4
5
6
7
8
9
10
11
12

ヤマブキ (p341) の白花種と混同されますが、5弁花を咲かせるヤマブキの仲間ではありません。葉が対生するところもヤマブキとは違います。

329

ツツジ

●ツツジ科
[Rhododendron]

日本はツツジの宝庫で、庭木や公園の植え込み、街路などに利用され、各所で見かける春の代表的な花木。花が漏斗状で、たくさんの小さな花が群がって咲くのが特徴で、強い刈込にも耐える丈夫な性質がある。常緑性と落葉性の種類がある。

◀最も遅く5月から咲くサツキ

分 類：常緑、落葉小低木～小高木
花 期：3～5月
樹 高：1～5m
分 布：主に北半球
漢字名：躑躅

オンツツジ（落葉）

ヒラドツツジ（常緑）

全体が花に包まれて華やかに彩られたクルメツツジ（常緑）　'白妙'（常緑）

ツツジは万葉集にも詠まれていて、そのころからツツジの名でよばれています。「筒咲き」の花形が語源といわれています。

明るいピンクの花で春を告げるミツバツツジ（落葉）

園芸品種も多く、庭木に利用されるヤマツツジ（落葉）

コラム

紅葉の季節に咲くツツジ

季節はずれに花が咲くことを「狂い咲き」「返り（帰り）咲き」などといいます。この現象が起きる多くは花木で、春に咲いた花が秋に再び咲くことをいい、一般に気候が不順なときに見られます。

ツツジは、初秋に低温が続いた後に暖かい日が続くと、休眠していた蕾が、春が来たと勘違いしてしまい、咲いてしまうのです。夏に異常な日照が続いたり、台風などで葉を落とした後に温暖な気候になると、サクラやフジなどでもこの現象が見られます。

ドウダンツツジ ●ツツジ科
[Enkianthus perulantus]

花の美しさ、秋の紅葉、冬の繊細な樹形、それぞれに見どころがある。卵形の葉が細い枝の先に集まってつき、新葉が開くと同時に、壺形の白い花をつり下げる。花が赤色のベニドウダン、花に赤いすじが入るサラサドウダンなどもある。

◀ '岩シダレ' の花。下向きに咲く

分　類：落葉低木
花　期：4〜5月
樹　高：1〜2m
分　布：本州〜九州
漢字名：灯台躑躅、満天星躑躅

多数の花が吊り下がる

細い枝が密生して自然に樹形が整い、たくさんの花をつける　秋に鮮やかに紅葉する

名は、三つ又状に出る独特の枝振りを、昔の室内照明灯の「結び灯台」に見立て、その灯台（＝トウダイ）がドウダンに訛ったものだといわれます。

●マメ科
[Hardenbergia violacea]

ハーデンベルギア

樹の花

枝が蔓状に伸びるので、霜の降りないところではフェンスなどに絡ませて育てている。紫や桃、白花の小さな蝶形花が穂状について、株一面に咲く。光沢のある葉も滑らかで美しい。花の姿が小型のフジに似るので、コマチフジの別名もある。

花はマメ科特有の蝶形花▶

分　類：蔓性常緑低木
花　期：3〜5月
樹　高：0.5〜3m
原産地：オーストラリア東部、タスマニア
漢字名：コマチフジ、ヒトツバマメ

鉢植えにもされる

葉は長い二等辺三角形

蔓状に伸びる枝に、花が穂状について垂れ下がる

花期
1
2
3
4
5
6
7
8
9
10
11
12

名は、ドイツのハーデンベルグ伯爵夫人の名にちなんだものです。昭和50年代の終わりごろから出回るようになった植物です。

333

ハナズオウ

●マメ科
[Cercis chinensis]

江戸時代に渡来し、古くから庭などに植えられている。紫を帯びた濃いピンクの花が枝に固まってつき、葉が出るより前に開く。花色が染料の木である蘇芳の木で染めた色と似ていることが名の由来。園芸品種にシロバナハナズオウがある。

◀花は3〜4日咲いている

分　類：落葉小高木
花　期：4月
樹　高：2〜5m
原産地：中国
漢字名：花蘇芳
別　名：スオウバナ、スオウギ

シロバナハナズオウ

アメリカハナズオウ

木全体が花で埋め尽くされたようになり、春の庭に彩を添える

最近は、紅紫色の葉をつけるものや、葉に斑が入るものなど、葉色が美しい北アメリカ原産のアメリカハナズオウを見かけるようになりました。

● ミズキ科
[Benthamidia florida]

ハナミズキ

樹の花

水平に広げた小枝の先に白や淡紅色の花を上向きに開く。4枚の花びらのように見えるのは総苞片(そうほうへん)で、先がへこんでいる。葉は先がとがった楕円形で、枝先に集まってつく。果実は楕円形で秋に赤く熟す。園芸種が多く、斑(ふ)入り葉の品種もある。

中央に集まった緑黄色の小花が本当の花▶

分　類：落葉小高木
花　期：4〜5月
樹　高：3〜7m
原産地：北アメリカ
漢字名：花水木
別　名：アメリカヤマボウシ

'ホワイトキャッチ'

秋に実が赤く熟す　　葉が出る頃に、空に向いた花が木を覆うように咲く

花期
1
2
3
4
5
6
7
8
9
10
11
12

1912年に、東京市長であった尾崎行雄がワシントンD.C.へ桜を贈った際、その返礼として1915年にこの樹を贈られたのが日本での植栽の始まりです。

ヒイラギナンテン

●メギ科
[Mahonia japonica]

枝先に、黄色の小さな花がたくさんついて房になって垂れ下がる。光沢がある葉はギザギザして鋭いトゲがあり、触ると痛い。夏に青紫色に熟す果実も美しい。晩秋に大きな花穂(かすい)を立ち上げる交配種の'チャリティー'は花の少ない冬の庭を彩る。

◀黄色い花が房状につく

分　類：常緑低木
花　期：3〜4月
樹　高：1〜3m
原産地：中国南部、台湾、ヒマラヤ
漢字名：柊南天
別　名：マホニア、トウナンテン

7月頃に熟す果実

花期
1
2
3
4
5
6
7
8
9
10
11
12

常緑で、葉に鋭いトゲがあることから生垣などにも利用される

冬咲きの'チャリティー'

葉にヒイラギのようなトゲがあり、樹形がナンテンに似ることが名の由来。中国より渡来したので、唐南天(とうなんてん)の別名もあります。

●マメ科
[Wisteria floribunda]

フジ

樹の花

古くから日本人はこの花を鑑賞したり、繊維を衣服や縄などに利用したりしてきた。一般にフジと呼ばれているのはノダフジで、蔓の巻き上がる方向が左巻で、花房が長いのが特徴。近縁種のヤマフジは蔓が右巻きで花房がやや短い。

蝶形花はよい香りを放つ▶

分　類：蔓性高木
花　期：4～6月
樹　高：2～10m
分　布：本州～九州
漢字名：藤
別　名：ノダフジ

花房が長いノダフジ

ヤマフジ'白花美短'

庭や公園などでは藤棚が作られ、憩いの場所になっている

花期
1
2
3
4
5
6
7
8
9
10
11
12

フジの別名の「ノダフジ」の名は、フジの名所・摂津の野田村（現・大阪市）にちなんで、牧野富太郎博士が命名しました。

337

モクレン

●モクレン科
[Magnolia]

枝の先に葉を開くと同時に、暗紫色の大形の花が上を向いて咲く。花の色から紫木蓮（しもくれん）とも呼ばれている。仲間には、高木で雄大な乳白色の花を開くハクモクレンや、モクレンとハクモクレンとの交配種サラサモクレンなどがある。

◀蕾（つぼみ）は大きく、白くて長い軟毛に覆われる

分　類：落葉小高木
花　期：3〜5月
樹　高：2〜10m
原産地：中国南西部
漢字名：木蓮
別　名：ハネズ、モクレンゲ

'ヴァルカン'

シモクレン。花びらは6枚で、花弁（かべん）の内側は淡紫色

ハクモクレン

花の形が蓮（はす）の花に似ているので木蓮と書き、木蓮花（もくれんげ）の別名もあります。

樹の花

ハクモクレン。白色の大輪種。3枚の花弁と6枚の萼片は、色も大きさも形も同じなので花弁が9枚あるように見える

サラサモクレン。モクレンとハクモクレンとの交配種で、ハクモクレンより少し遅く、モクレンよりやや早く咲く

黄花モクレン'イエロー・バード'。アメリカ産キバナモクレンの園芸品種

ガールマグノリア'アン'。モクレンとシデコブシの交配種。女性の名前がついていることから「ガールマグノリア」と呼ぶ

モモ

●バラ科
[Amygdalus persica]

花を観賞するためのハナモモの系統と、果実を利用するための果樹用の系統があるが、よく見かけるのはハナモモ。八重咲き種や花弁の細い'菊桃'、紅白に咲き分ける'源平桃'、枝垂れ性や箒を立てたような樹形になるものなど、多くの品種がある。

◀果樹用のモモ'白桃'

分　類：落葉小高木
花　期：3〜4月
樹　高：2〜3m
原産地：中国
漢字名：桃
別　名：スイミツトウ

'菊桃'

碧桃樹（へきとうじゅ）

枝が横に広がらず箒状に立つ系統'照る手'。紅、桃、白の3品種がある

陰暦3月3日の節句に桃花を飾る習慣が平安時代からあり、女の子の無病息災を祈る今日のひな祭りに引き継がれています。

●バラ科
[Kerria japonica]

ヤマブキ

樹の花

しなやかな枝ぶりが特徴で、万葉の時代から親しまれている花木。花は一重（ひとえ）と八重咲き（やえざき）があるが、八重咲きは雄（お）しべが花弁（かべん）のようになり、雌（め）しべも退化しているので果実がつかない。一重の品種は秋に暗褐色に熟す実を結ぶ。葉は互生する。

一重咲きは5弁花▶

分　類：落葉低木
花　期：4〜5月
樹　高：1〜2m
分　布：北海道〜九州
漢字名：山吹
別　名：オモカゲグサ

ヤエヤマブキ

シロバナヤマブキ

薄暗く湿った場所に好んで生える。花が咲くとそこだけパッと明るくなる

花期
1
2
3
4
5
6
7
8
9
10
11
12

しなやかな枝が山のわずかな風にも揺れる様子から、「山振（やまぶり）」。それが転化して山吹になったといわれています。

341

ウツギ

●ユキノシタ科
[Deutzia crenata]

山野に自生するほか、庭や生け垣、畑の境界にも植えられ、梅雨の頃、枝先に白い小さな花を下向きに咲かせる。「卯(う)の花の匂う垣根に」と唱歌で歌われているのはこの花である。全体に小ぶりなヒメウツギや葉が丸いマルバウツギなどもある。

◀花弁(かべん)は5枚で、下向きに咲く

分　類：落葉低木
花　期：6月
樹　高：1〜3m
分　布：北海道〜九州
漢字名：空木
別　名：ウノハナ

シロバナヤエウツギ

斑入り(ふいり)葉のヒメウツギ

「ウノハナ」の名で、万葉の時代から親しまれている

枝を切ると中が空洞になっているので「空木(うつぎ)」といい、陰暦4月、卯月(うづき)に咲くのでウノハナともいいます。

● ツツジ科
[Kalmia latifolia]

カルミア

樹の花

砂糖菓子の金米糖(こんぺいとう)に似た蕾(つぼみ)が房状にたくさんつき、次々と開いて半球状に花が咲くのが特徴。花弁(かべん)の内側の斑点が目立つものなど多くの品種がある。硬くて厚く光沢のある葉は、アセビと同じ毒を含むので、誤って口にしないように注意する。

◀30～40もの花がかたまって咲く

分　類：常緑低木
花　期：5月
樹　高：1～5m
原産地：北アメリカ東部
漢字名：亜米利加石楠花
別　名：アメリカシャクナゲ、
　　　　ハナガサシャクナゲ

'ペパーミント'

蕾や花の形が独特

パラソルのような形の花が集まって、枝先にこんもりと咲く

花期
1
2
3
4
5
6
7
8
9
10
11
12

名は、北アメリカの植物の研究をしたリンネの最後の弟子のP・カルムの名を記念して付けられました。

343

カロライナジャスミン

●ゲルセミウム科（マチン科）
[Gelsemium sempervirens]

鮮やかな黄色の花は漏斗形で、先端が5裂して開く。夕方に強く香り、イブニング・トランペット・フラワーの英名がある。蔓を伸ばしてほかのものに絡みつくので、庭のフェンスなどに絡ませて植えられている。鉢花としてもよく見かける。

◀トランペット状の花は直径1cm

分　類：蔓性常緑低木
花　期：4月
樹　高：1〜5m
原産地：北アメリカ東南
別　名：イブニング・トランペット・フラワー

対生する葉のわきに蕾（つぼみ）がつく

房状に花が咲き、近くを通るとジャスミンのような芳香が漂う　鉢植えでもよく花が咲く

ジャスミンの名がついていますが、白い花を咲かせるモクセイ科のジャスミンとは別の花木です。有毒なので口にしないようにしましょう。

●ノウゼンカズラ科
[Paulownia tomentosa]

キリ

樹の花

葉が出る前の枝の先に、淡紫色の釣り鐘形の花が大きな房状になって下向きに咲く。清少納言は「枕草子」の中でキリの花を美しい樹の花の一つにあげている。材質が優れ、日本の樹種のなかでは最も軽い木といわれ、箪笥などの家具材に用いられる。

筒状鐘形の花は先が5裂する▶

分　類：落葉高木
花　期：5月
樹　高：5〜10m
原産地：中国中部
漢字名：桐
別　名：キリノキ、ホンキリ、ニホンキリ

葉は大きなハート形

果実は先のとがった卵形

生長が早く高木になり、花の季節は遠くからでも見つけられる

花期
1
2
3
4
5
6
7
8
9
10
11
12

キリは木目が美しいことで有名。真っ直ぐで節のない「良材」を取るため、幹の下部で切って若芽を育てます。「切りの木」が名の由来。

クレマチス

●キンポウゲ科
[Clematis]

世界中で親しまれている蔓性(つるせい)花木で、一般にクレマチスとよばれるものは日本産のカザグルマや中国産のテッセンに西洋種が交配されて作られたもの。花を平らに開くもの、釣り鐘形の花をつけるものなど多彩。冬咲きの品種もある。

◀大輪系の'H.F.ヤング'

分　類：蔓性木本
花　期：5〜10月
樹　高：0.2〜5m
分　布：ヨーロッパ南部、西南アジア、中国、日本
別　名：カザグルマ、テッセン

'ジョセフィーヌ'

タングチカ種

銀色の毛で覆われた果実

「蔓性植物の女王」と呼ばれて人気が高い

クレマチスはギリシャ語のクレーマ（蔓の意）が語源。花弁(かべん)のような萼(やくえぎ)が4、6、8と偶数でつくほか、八重咲きもあります。

樹の花

テッセン。中国原産で江戸時代に渡来。花色(はないろ)は乳白色で、紫色の雄しべ(おしべ)が花弁のようになっている

モンタナ種。ヒマラヤから中国西部に自生している。花径4～6cmの4弁花で、花弁の先が反り返る。白花もある

'白万重'。テッセン系の園芸品種で、咲きはじめは淡黄緑色だが、開ききると乳白色に変化する

カザグルマ。日本、中国、朝鮮半島などに分布。子どもが遊ぶ玩具の「風車」に花が似ていることから、この名がついている

シャクナゲ

●ツツジ科
[Rhododendron]

よく見かけるのは、アジア産のシャクナゲを欧米で交配して作出したセイヨウシャクナゲの園芸品種。花色が多彩で、カラフルで豪華な花を枝の先に房状に咲かせる。日本の山野に自生するニホンシャクナゲは、庭よりも主に公園などで見かける。

◀漏斗形（ろうとけい）の花が横向きに咲く

分　類：常緑低木〜高木
花　期：4〜6月
樹　高：1〜10m
分　布：主として北半球、特にヒマラヤ
漢字名：石楠花

セイヨウシャクナゲ '越の炎（こしのほのお）'

豪華な花房が枝の先について、見ごたえのある大株に育つ

日本原産のアマギシャクナゲ

シャクナゲは、花の女王のバラに対して、花の帝王といい、バラ、ツバキとならんで世界三大花木です。

● バラ科
[Rhaphiolepis indica var. umbellata]

シャリンバイ

樹の花

主に暖地の海岸に自生するほか、公害や潮風に強いので道路の分離帯などにも植えられている。新芽が開ききる頃に白い5弁花が咲き出す。樹皮は、大島紬の染料の材料に用いられる。園芸種に花がピンクのベニバナシャリンバイがある。

◀マルバシャリンバイの花

分　類：常緑低木
花　期：5月
樹　高：1〜10m
分　布：東北地方南部以南
漢字名：車輪梅
別　名：タチシャリンバイ、ハマモッコク

ベニバナシャリンバイ

白粉をかぶって黒紫色に熟す果実 　　強く刈り込むこともできるので、庭木としても利用されている

花期
1
2
3
4
5
6
7
8
9
10
11
12

小枝や葉が放射状に出て、密生して車輪のようです。その特徴とウメに似た花を付けるところから車輪梅（しゃりんばい）といいます。

349

タニウツギ

●スイカズラ科
[Weigela hortensis]

細い枝先に漏斗形の花が2〜3個ずつ集まってつき、枝が枝垂れるほど咲く。花の色が濃い紅色のものをベニウツギと呼んでいる。仲間に、オオベニウツギや花が白から桃に変化し、白と桃の花が混じって咲くハコネウツギなどがある。

◀漏斗形の花は先が5裂する

分　類：落葉小高木
花　期：5〜6月
樹　高：2〜5m
分　布：北海道〜本州の日本海側
漢字名：谷空木
別　名：ベニウツギ、タウエバナ

オオベニウツギの園芸品種

淡紅色の上品な花が枝いっぱいに咲いて、初夏の庭を彩る

ハコネウツギ

日本固有種です。名は、「谷間や渓流沿いに生えるウツギ」の意味。ウツギ（p342）同様、枝の内部は空洞です。

●キョウチクトウ科
[Vinca major]

ツルニチニチソウ

樹の花

春になると株元からたくさんの茎を出し、地を這うように広がり、葉のわきに薄紫色の美しい花をつける。旺盛に育つのでグラウンドカバーとして利用されるが、逃げ出して道端や野原に野生化していることもある。葉に斑が入るものもある。

筒状の花は先端が5裂して星形に開く▶

- 分　類：蔓(つる)性常緑低木
- 花　期：4〜7月
- 樹　高：1〜3m
- 分　布：ヨーロッパ、北アフリカ原産
- 漢字名：蔓日々草
- 別　名：ビンカ、ツルギキョウ

葉は光沢のある卵形で対生(たいせい)する

ヒメツルニチニチソウ 　　斑入りツルニチニチソウ。長く伸びる蔓を生かして壁面を飾る

花期
1
2
3
4
5
6
7
8
9
10
11
12

明治初期に渡来しました。霜に当たると葉が落ちたり傷んだりします。寒さに強い仲間のヒメツルニチニチソウは、葉や花が小形です。

351

テイカカズラ

●キョウチクトウ科
[Trachelospermum asiaticum]

香りを放つ筒状の花は、先が深く5裂して少しねじれて開き、小さな風車のような形。花色は白から後に黄色に変わる。林の中に生えるが、蔓性の性質を利用して垣根や塀に絡ませ緑化目的で植えられる。新芽が淡い桃色のハツユキカズラがある。

◀5弁のスクリューのような形の花

分　類：蔓性常緑低木
花　期：6月
樹　高：3〜10m
分　布：本州、四国、九州、朝鮮半島
漢字名：定家葛
別　名：マサキノカズラ

花期
1
2
3
4
5
6
7
8
9
10
11
12

蔓を旺盛に伸ばすので、フェンスなどの目隠しに利用される

新芽が美しいハツユキカズラ

果実の長さは15〜25cm

果実は細長くヒョロリと伸びて、二股に別れています。種子には白く長い綿毛があり、風に乗って遠くまで運ばれます。

●マンサク科
[Loropetalum chinense]

トキワマンサク

樹の花

細い枝が長く垂れて、枝垂れたような樹形になる。マンサク (p317) に似た、ひも状の黄白色の花が細い枝先に集まって咲く。冬も葉が緑なのでこの名がある。(「常磐(ときわ)」は「常緑(じょうりょく)」の意)。ベニバナトキワマンサクは、枝が赤く染まるほど、たくさんの花を咲かせる。

細い花弁(かべん)はしわやねじれがない▶

分　類：常緑小高木
花　期：4～5月
樹　高：2～8m
分　布：静岡県、三重県、熊本県、中国
漢字名：常磐満作

マンサクより花弁の幅が広い

枝垂れ性の樹形になる

近年よく見かけるベニバナトキワマンサク。多数の花で覆われる

花期
1
2
3
4
5
6
7
8
9
10
11
12

明治の末に中国から導入され、中国原産の珍しい木と考えられていましたが、三重県の伊勢神宮や静岡県、熊本県で自生のものが見つかっています。

353

トチノキ

●トチノキ科
[Aesculus turbinata]

山野に自生するが、公園樹や街路樹としても植えられている。手のひら状の大きな葉をつけ、やや紅色を帯びた白い花を円錐状(えんすいじょう)に直立して咲かせる。仲間にはベニバナトチノキやマロニエの名で有名なセイヨウトチノキなどがある。

◀果実は球形で、丸くて硬い種子が入っている

分　類：落葉高木
花　期：5〜6月
樹　高：10〜30m
分　布：北海道〜九州
漢字名：栃の木、橡の木

庭木や街路樹にされて、よく見かけるベニバナトチノキ

セイヨウトチノキ

アカバナアメリカトチノキ

花期
1
2
3
4
5
6
7
8
9
10
11
12

トチノキは日本固有種です。多量のデンプンを含む種子は古くから餅や団子にされ、花はミツバチの蜜源として重要です。

●マメ科
[Robinia pseudoacacia]

ハリエンジュ

樹の花

明治中期に渡来し、河原や土手などで野生化して群落をつくっている。葉の付け根に1対の針状のトゲがある。白い花がフジのように房状に咲き、甘い香りを放ち、ミツバチが蜜を集めにやってくる。紅花や黄金色の葉をつける園芸品種もある。

花を天ぷらにすると甘くておいしい▶

分　類：落葉高木
花　期：5〜6月
樹　高：3〜15m
原産地：北アメリカ
漢字名：針槐
別　名：ニセアカシア

黄金葉種'フリーシア'

紅花種'カスケルージュ'　普段はあまり目に付かないが、花時になるとよく目立つ

花期
1
2
3
4
5
6
7
8
9
10
11
12

ミツバチの蜜源植物の一つですが、繁殖力が強く、外来生物法で要注意種に指定され、山野での栽培は禁止されています。

355

バラ

●バラ科
[Rosa]

普通、バラといえば園芸品種をさす。大輪咲きのハイブリッド・ティー、中輪房咲きのフロリバンダ、蔓バラ、矮性のミニチュアなど、おびただしい数の品種があり、近年では青いバラも誕生している。ほかにオールドローズと呼ばれるものもある。

◀ノイバラ。球形の果実が秋に熟す

分　類：低木
花　期：5〜6月、9〜11月
樹　高：0.2〜5m
分　布：北半球の亜熱帯〜熱帯
漢字名：薔薇
別　名：ショウビ、ソウビ

ハイブリッド・ティー'マリア・カラス'

フロリバンダ'ブルーバユー'

オールドローズ'フラウ・カール・ドルジュキ'

パーゴラやアーチに蔓バラをからませて楽しむ

クレタ島の壁画に描かれ、紀元前1500年頃には観賞されていたといいます。「花の女王」とたたえられ、愛と美の象徴とされています。

蔓状にならない木立性のバラは花壇の主役に最適

小輪種のミニチュア（ミニバラ）は鉢植え向き

モッコウバラ。枝にトゲがない香りの良いバラで、蔓がよく伸びる。小さな花が房状に咲き、黄花のほか白花もある

ナニワイバラ。白一重の中輪のバラで、蔓が長く伸びる。葉が常緑で、花のない時期も楽しめるが、鋭いトゲが多い

樹の花

ヒトツバタゴ

●モクセイ科
[Chionanthus retusus]

限られた地域に自生していて、別名のナンジャモンジャの名で親しまれている。枝の先に白い花を群がって咲かせ、満開になると雪が積もったように見え、壮観である。花や葉が大きく、枝につく花の数も多い、アメリカヒトツバタゴもある。

◀細長い花弁(かべん)の長さは約2cm

分　類：落葉高木
花　期：5月
樹　高：5～30m
分　布：長野県、愛知県、岐阜県、長崎県(対馬)
別　名：ナンジャモンジャ

アメリカヒトツバタゴ

枝いっぱいに咲き誇り、満開時は全体が純白の花に覆われる　最近は庭植えも見かける

名の「タゴ」とは、同じモクセイ科でよく似ているトネリコの別名。トネリコは複葉を持っているが、この植物は単葉なので「一つ葉(ヒトツバ)タゴ」といいます。

●スイカズラ科
[Viburnum]

ビブルヌム

庭や公園、街路で見かける。先が5裂する小さな花が、手毬(てまり)状に集まって咲く。日本に野生するガマズミやヤブデマリなども仲間に含まれるが、園芸的にこの名で呼ばれるものは、セイヨウカンボクなど外国産のものを指すことが多い。

花は萼片(がくへん)が花弁(かべん)状に変化した装飾花▶

分　類：常緑または落葉低木
花　期：5〜7月
樹　高：60〜300cm
分　布：日本、中国、ヨーロッパ
別　名：ビバーナム

ダヴィディー種

ティヌス種

オオデマリ(p322)によく似たセイヨウカンボク'スノーボール'

花期
1
2
3
4
5
6
7
8
9
10
11
12

ビブルヌム'スノーボール'はアジサイとよく似ていますが、アジサイの装飾花は4弁で、'スノーボール'は5裂する筒状の花です。

359

ブラシノキ

●フトモモ科
[Callistemon speciosus]

明治時代に導入され、庭、公園などに植えられている。別名のカリステモンは「美しい雄しべ」という意味。ブラシのように見えるのが雄しべ。花が終わると、虫の卵のような果実が枝の周囲に多数かたまってつき、落ちずに数年残っている。

◀穂状の花の先端から枝が伸びる

分　類：常緑小高木
花　期：5～6月
樹　高：2～3m
原産地：オーストラリア
別　名：キンポウジュ、カリステモン

濃いピンクの花

紅紫色の花

オーストラリア原産だが、関東以西では庭植えもできる

花の形がビンやグラスを洗うブラシに似ていることが名の由来。英名はボトルブラッシュ。形が不思議な花なので、一度見たら忘れないでしょう。

●モクレン科
[Magnolia obovata]

ホオノキ

樹の花

古名をホオガシワといい、万葉集にも登場する。葉を傘のように広げた枝の先に、クリーム色の大きな花が上向きにつき、開くとあたりによい香りが漂う。花の寿命は短く、開花後すぐに雄しべがぱらぱらと落ちる。日本の樹木の中で花も葉も最大。

花弁（かべん）は9〜12枚。花の直径は15cmもある▶

分　類：落葉高木
花　期：5〜6月
樹　高：10〜30m
分　布：北海道〜九州
漢字名：朴の木
別　名：ホオガシワ

雌しべ群の周りを雄しべが取り巻く

葉は長楕円形で長さ30cm前後　公園や庭に植えられるほか、街路樹としても見かける

大きな葉は香りがよく、料理の皿代わりに使われます。朴葉寿司や朴葉味噌も有名。材は良質で、建材や細工物などに利用されます。

花期
1
2
3
4
5
6
7
8
9
10
11
12

361

樹の花

ボタン

●ボタン科
[Paeonia suffruticosa]

大きな蕾(つぼみ)がゆったりと開き、豪華な花を咲かせる。春に咲くもの、初冬と春の2回咲く寒ボタンのほか、欧米で改良されたフランスボタンやアメリカボタンもある。豊富な花色(はないろ)と一重(ひとえ)から花弁(かべん)の多い万重(まんえ)咲きまで、花形(はながた)も変化に富んでいる。

◀汗ばむ陽気になると蕾がほころぶ

分　類：落葉低木
花　期：4～5月、11～2月
樹　高：1～2m
原産地：中国
漢字名：牡丹
別　名：フカミグサ

花期
1
2
3
4
5
6
7
8
9
10
11
12

古くから「花王(かおう)」と呼ばれ、豪華さにおいて並ぶものがない

'新国色'

'日向'

古い時代に中国から入ってきました。「蜻蛉(かげろう)日記」や「枕草子(まくらのそうし)」に記述がみられ、平安時代には観賞用に栽培されました。

樹の花

黄花品種'ハイヌーン'。アメリカで作られた品種。丈夫で育てやすいので人気がある

庭植え。大輪の華麗な花なので、1株だけ植えても庭が引き立つ

寒ボタン'まさこ姫'。雪が降っても花を咲かせる、わら囲いの中の寒ボタンは冬の風物詩

鉢植え'初日の出'。鉢植えでも十分に花が楽しめる

ユリノキ

●モクレン科
[Liriodendron tulipifera]

初夏にカップ形の花が上を向いて咲く。黄緑色の花弁の基部にオレンジ色の斑紋が入ったチューリップによく似た花なので、英名はチューリップツリー。独特な形をした葉を半纏や奴凧に見立てて「半纏木」や「奴凧の木」などの別名もある。

◀花弁の外側の淡緑色の3枚の萼片(がく)が反り返る

分　類：落葉高木
花　期：5〜6月
樹　高：10〜30m
原産地：北アメリカ
漢字名：百合の木
別　名：チューリップツリー、ハンテンボク

葉は先端が大きく凹む独特の形

秋に黄葉する

明治時代に渡来し、公園や街路樹などに植えられているので、よく見かける

北アメリカ原産で、自生地では高さ60mにもなり、インディアンは昔、この樹で丸木舟を作ったそうです。花の形がユリに似ているのが名の由来です。

ライラック

●モクセイ科
[Syringa vulgaris]

日本へは明治時代に導入され、庭や公園、街路などに植えられたが、寒地を好むので、北海道に多く植えられている。枝先に香りの良い小さな花が穂状にたくさん集まって咲く。香水の原料に使われる。紫色や淡青色、白色などの花色がある。

花は筒形で先が4裂する▶

分　類：落葉低木
花　期：4～5月
樹　高：2～4m
原産地：ヨーロッパ
漢字名：紫丁香花
別　名：ムラサキハシドイ、リラ

矮性(わいせい)ライラックのパリビン種

八重咲き(やえざき)の園芸種

北国の代表的な春の花木だが、暖地でも楽しめる園芸品種もある

ライラックは英名で、フランス名はリラです。ライラックの仲間のハシドイは日本産で、白色の花が咲きます。

365

アジサイ

●ユキノシタ科
[Hydrangea]

ガクアジサイの花全体が装飾花に変化した園芸種で、小花が固まって手毬状に咲く品種群を一般にアジサイと呼んでいる。日本原産のほか、ヨーロッパで品種改良されたセイヨウアジサイや、北米原産のアメリカアジサイなどもよく見かける。

◀花弁（かべん）に見えるのは萼片（がくへん）

分 類	落葉低木
花 期	6〜7月
樹 高	1〜2m
分 布	房総半島以西、北アメリカ
漢字名	紫陽花
別 名	ハイドランジア

ヤマアジサイ'クレナイ'

'ポージイブーケ・ケーシイ'

'ピコティー'

梅雨時の庭を彩り、古くから観賞されている

集、真、藍（あづさあい）が合わさってアジサイの名前になったという説があります。美しい藍色の小花が集まって咲くという意味です。

セイヨウアジサイ。日本のアジサイが欧州に渡って品種改良されて逆輸入されたもので、ハイドランジアとも呼ぶ

ガクアジサイ。日本原産の大型のアジサイで、小さな花が密集して咲き、その周囲を装飾花が飾る

カシワバアジサイ。北米原産。淡いクリーム色を帯びた花が大きな花房になり、一重（ひとえ）と八重咲き（やえざき）がある

'アナベル'。北アメリカ東部原産のアメリカアジサイの園芸品種。大きな手毬状になる純白の花が美しい

樹の花

アツバキミガヨラン
●リュウゼツラン科
[Yucca gloriosa]

明治時代の中期に渡来し、庭や公園などに植えられている。幹の先に集まって付いた硬い剣状の葉の間から花茎（かけい）を出し、初夏と秋の2回、釣鐘形の花を多数下向きに咲かせる。よく似ているキミガヨランは、葉がやや細長く、垂れ下がる。

◀花は乳白色で、花径5〜6cm

分　類：常緑低木
花　期：5〜6月、10〜11月
樹　高：2〜3m
原産地：北アメリカ
別　名：アメリカキミガヨラン、ユッカ

秋に咲く花は寒さで紅紫色を帯びる

花期
1
2
3
4
5
6
7
8
9
10
11
12

厚い葉の先が鋭くとがるのが特徴で、香りのある花が鈴なりにつく　　キミガヨラン

日本にはユッカ・モスという蛾がいないので受粉できず、アツバキミガヨランもキミガヨランも結実しません。

368

エゴノキ

●エゴノキ科
[Styrax japonica]

枝からたくさんの白い花が垂れ下がって咲き、花後に灰白色（かいはくしょく）の楕円形の果実をつける。葉が出てから花が咲くので、落下した花を見つけて、開花に気づくことが多い。花には芳香がある。園芸種に花色が桃紅色のベニバナエゴノキがある。

▶花は先が深く5裂して星形に開く

分　類：落葉小高木
花　期：5月
樹　高：2〜10m
分　布：日本全土
別　名：チシャノキ、チサノキ、ロクロギ

果実は8〜9月に熟す

ベニバナエゴノキ

公園や庭だけでなく、雑木林や川辺でも見かける

果皮に有毒のエゴサポニンを含み、舐めると喉（のど）を刺激してえごい（えぐい）ので、この名前が付きました。

カラタネオガタマ

●モクレン科
[Michelia figo]

樹の花

日本の暖地に生えるオガタマノキの仲間で、中国原産なので唐種といい、トウオガタマとも呼ぶ。江戸時代に渡来し、寺社に植えられるほか、庭木や生け垣にもされる。葉のわきに黄白色の花を1つずつ開く。花には独特の強い香りがある。

◀淡黄色の花びらの縁が紅色を帯びる

分　類：常緑小高木
花　期：5〜6月
樹　高：3〜5m
原産地：中国
漢字名：唐種招霊
別　名：トウオガタマ、バナナツリー

葉は楕円形で光沢がある

花がバナナのような香りを放つので、英名はバナナツリー

紅花の'ポートワイン'

花が咲いても葉に隠れていて、気づかないことがあります。しかし、バナナに似た甘い香りが漂い、花の存在を知らせてくれます。

●ナス科
[Brugmansia]

キダチチョウセンアサガオ

樹の花

庭や公園などに植えられ、大きなラッパ形の花が、夕方から夜にかけて甘い香りを放ちながら開く。園芸種が多く、白、ピンク、オレンジ、黄色など花色（はないろ）が豊富で、大きく育つとたくさんの花が咲く。葉は大きな楕円形で互生する。有毒植物。

花は先が5裂して反り返る▶

分　類	：常緑小高木
花　期	：6〜10月
樹　高	：2〜10m
原産地	：南アメリカ
漢字名	：木立朝鮮朝顔
別　名	：エンジェルストランペット、ブルグマンシア

斑入り（ふいり）葉種

サンギネア種

「天使のラッパ」の意味の、エンジェルストランペットの英名で知られる

花期
1
2
3
4
5
6
7
8
9
10
11
12

以前はチョウセンアサガオ（p272）の仲間でしたが、幹が木質化し、花が下向きに咲くことから、現在はブルグマンシア属になっています。

371

樹の花

キングサリ

●マメ科
[Laburnum anagyroides]

明治時代に渡来し、庭や公園などに植えられる。枝先の葉わきに、鮮やかな黄色の蝶形花が長い房になって垂れ下がる。葉は3枚の小葉からなる複葉で互生。果実はサヤエンドウのような豆果。名は、英名のゴールデンチェーンを直訳したもの。有毒植物。

◀花房の長さは20～30cm

分　類：落葉小高木
花　期：5月
樹　高：3～8m
原産地：ヨーロッパ南部
漢字名：金鎖
別　名：キバナフジ、
　　　　ゴールデンチェーン

キングサリのトンネル

花期
1
2
3
4
5
6
7
8
9
10
11
12

黄色い花が垂れ下がるおしゃれな花木で、道行く人も楽しめる　　花つきが良い園芸品種

黄色のフジを思わせる花。英国にはこの花の並木で有名な庭園があります。
日本でも公園や植物園に植えられポピュラーになりました。

●アカネ科
[Gardenia jasminoides]

クチナシ

樹の花

甘い香りの純白の花が枝先の葉のわきに1つずつ咲く。筒状の花は先が5〜7つに裂けて、平らに開く。よく見かけるのは、大輪八重咲きの園芸品種 'オオヤエクチナシ'。ほかに、小形の八重咲きで、中国南部原産のコクチナシがある。

クチナシの果実▶

分　類：常緑低木
花　期：6〜7月
樹　高：1〜3m
分　布：静岡県以西
漢字名：梔子、口無
別　名：センプク、ガーデニア

オオヤエクチナシ

コクチナシ

光沢のある濃緑色の葉と、甘い香りのエレガントな花が魅力

花期
1
2
3
4
5
6
7
8
9
10
11
12

クチナシは「口無し」で、果実が熟しても裂開しないのが名の由来。乾燥した果実は平安時代から衣料品や食品の染料にされています。

373

ザクロ

●ザクロ科
[Punica granatum]

平安時代に渡来し、果実に種子が多いので豊穣や多産のシンボルとされている。梅雨の頃から枝の先に鮮やかな赤い花を咲かせる。花を楽しむ「花ザクロ」は八重咲きが一般的。果実は熟すと不規則に裂け、赤い多汁の果肉がのぞく。

◀全体に小形のヒメザクロの花

分　類：落葉小高木
花　期：6～7月
樹　高：2～5m
原産地：西南アジア
漢字名：柘榴

「花ザクロ」'泰山一号'

花期
1
2
3
4
5
6
7
8
9
10
11
12

筒状の萼(がく)から赤い6弁の花を咲かせる。花弁(かべん)にはシワが寄っている

果実は甘酸っぱく生食できる

花色(はないろ)は夏の日差しに負けないほど強烈な赤。慣用句の「紅一点」は、緑の葉の中でザクロの花がただ一輪咲いていることに由来します。

●ノボタン科
[Tibouchina urvilleana]

シコンノボタン

樹の花

株全体に柔らかい毛が生えて、大きな楕円形葉が対生し、枝先に厚みのある5弁の花を数輪ずつ咲かせる。花の寿命は短く、すぐに散ってしまうが、蕾（つぼみ）を次々と出して霜が降りる頃まで咲いている。無霜地帯なら戸外で越冬できる。

長い雄しべ（おしべ）は途中で折れ曲がる▶

分　類：常緑低木
花　期：5～10月
樹　高：1～3m
原産地：ブラジル
漢字名：紫紺野牡丹
別　名：ブラジリアン・スパイダー・フラワー

白花シコンノボタン

斑入りシコンノボタン

美しい濃紫紺色（のうしこんじょく）の上品な花を咲かせる

花期
1
2
3
4
5
6
7
8
9
10
11
12

雄しべの長い葯（やく）が曲がって、クモの脚のように見えることから、ブラジリアン・スパイダー・フラワーとも呼ばれています。

樹の花

シモツケ

●バラ科
[Spiraea japonica]

ユキヤナギやコデマリの仲間で、ピンクの小さな花を半球状に咲かせる。花は5弁花で、先がとがった卵形の葉が、互生する茎の先につく。白花や、花が穂状に咲くものや矮性種（わいせい）などがあるが、最近はカラフルな葉色の品種をよく見かける。

◀花は5弁花で、雄しべ（おしべ）が多数突き出る

分　類：落葉低木
花　期：5〜8月
樹　高：50〜100cm
分　布：北海道〜九州
漢字名：下野
別　名：キシモツケ

花期
1
2
3
4
5
6
7
8
9
10
11
12

紅紫色の花を枝いっぱいに咲かせる園芸種

ピンクの花をつけるシモツケ

紅葉

名は、最初の発見地の下野（しもつけ）（現在の栃木県）にちなんだものです。

●ウルシ科
[Cotinus coggygria]

スモークツリー

樹の花

5月頃に咲く黄緑色の花は小さくて目立たないが、花後に花柄が長く伸び出し、ふわふわした羽毛状になって木全体を覆う。煙や霞がたなびいているように見えることが名の由来。煙の色が淡緑色のものと紫紅色を帯びるものがある。

'リトルルビー'の雌花(かこ) ▶

分　類：落葉小低木
花　期：6〜7月
樹　高：3〜8m
原産地：中国〜南ヨーロッパ
別　名：ケムリノキ、カスミノキ、ハグマノキ

花後の'リトルルビー'

赤紫色の葉が美しい園芸品種

雌花の花後、花柄がふわふわして、木全体が煙のようになる

花期
1
2
3
4
5
6
7
8
9
10
11
12

花後のフワフワした〝煙〟を綿菓子に似ているという人もいます。雌雄異株で〝煙〟ができるのは雌木なので、観賞用には雌木を植えます。

377

タイサンボク

●モクレン科
[Magnolia grandiflora]

樹の花

明治初年に渡来した。はじめ東京の新宿御苑に植栽され、その後、各地の公園などに植えられて親しまれている。枝の先に香りのよい白い花を一つ開く。花が開いた様子は大きな盃のようで、雄大で美しい。厚くて硬い長楕円形の葉が互生する。

◀花の直径 20cm前後

分　類：常緑高木
花　期：5～7月
樹　高：5～20m
原産地：北アメリカ中南部
漢字名：泰山木、大山木
別　名：ハクレンボク

花期
1
2
3
4
5
6
7
8
9
10
11
12

梅雨の頃、大きな白い花が濃い緑の葉の中で開き、ひときわ目を引く

葉の表面は光沢がある

矮性(わいせい)品種の'リトル・ジェム'

花も葉も雄大で樹全体がどっしりして大きく、泰然としているので「大山木」、または「泰山木」と書きます。

◉スイカズラ科
[Lonicera sempervirens]

ツキヌキニンドウ

樹の花

トランペット形の赤い花が枝先に穂状になって垂れ下がって咲く。卵形の葉は白い粉をまぶしたような緑色。花の下にある2枚の葉が茎を抱くように合着して1枚になり、茎が葉を突き抜けているように見えるのが特徴で、園芸品種も多い。

◀突き出した黄色い雄しべ(おしべ)が目立つ

分　類：蔓(つる)性半常緑低木
花　期：5～9月
樹　高：3～5m
原産地：北アメリカ
漢字名：突抜忍冬
別　名：トランペットハニーサックル

スイカズラ

ロニセラ

花に香りがなく、花期が初夏から秋までと長いのが特徴

花期
1
2
3
4
5
6
7
8
9
10
11
12

近似種にロニセラと呼ばれる園芸種があります。花色は朱赤、黄、白など。花に蜜を多く含み、英名はハニーサックルといいます。

379

ツルハナナス

●ナス科
[Solanum jasminoides]

大正時代に渡来したが、最近、フェンスや壁面などに蔓（つる）を絡ませているのを見かけるようになった。細い枝の先に5裂した星形の花が房状につき、下を向いて咲く。咲き始めは淡い紫色を帯びているが、次第に白くなる。花色（はないろ）が青紫色のものある。

◀花色は薄紫から白に変化する

分　類：蔓（つ）性常緑低木
花　期：6～10月
樹　高：2～3m
原産地：ブラジル
漢字名：蔓花茄子
別　名：ソケイモドキ

斑入り（ふいり）葉種

ポテト・バインという英名があるように、ジャガイモに似た花が咲く

ヤマホロシとの交配種

日本の山地に生え、赤い液果（ミカンなどのように果皮が柔らかく汁気の多い果実）が実（な）るヤマホロシが、ツルハナナスの名で売られているのをときおり見かけます。

トケイソウ

●トケイソウ科
[Passiflora caerulea]

樹の花

花を時計の文字盤に、雄しべと雌しべを針に見立てて、この名前がある。トケイソウの仲間はたくさんあるが、フェンスや建物の壁面などに絡んでいるのを見かけるのはカエルレア種。果実をジュースなどにするクダモノトケイソウもある。

◀3裂した雌しべが時計の針に見える

分　類：蔓(つる)性常緑低木
花　期：7〜9月
樹　高：3〜5m
原産地：ペルー、ブラジル
漢字名：時計草
別　名：パッションフラワー、ボロンカズラ

'コンスタンス・エリオット'

クダモノトケイソウ

耐寒性があるので、無霜地帯では露地植えされたものを見かける

花期
1
2
3
4
5
6
7
8
9
10
11
12

英名はパッションフラワー。花の形をキリストが十字架にかかった姿に見立てたもので、ヨーロッパでは「受難の花」と呼ばれています。

381

ナツツバキ

●ツバキ科
[Stewartia pseudocamellia]

ツバキに似た花を夏に咲かせるのが名の由来。葉に隠れるようについた丸い蕾(つぼみ)が開くと、しわのよった白い花びらが5枚あらわれる。花は、朝開いて夕方には落ちる一日花(いちにちばな)。最近は、花色(はないろ)が桃色を帯びたピンクナツツバキも見かける。

◀花は直径5cmほど。大形で気品がある

分　類：落葉小高木
花　期：6〜7月
樹　高：3〜10m
分　布：宮城県以南〜九州
漢字名：夏椿
別　名：シャラノキ、サラノキ

花期
1
2
3
4
5
6
7
8
9
10
11
12

梅雨の頃に咲く花、淡い緑の葉、灰色を帯びた樹肌、どれも美しい

ピンクナツツバキ

紅葉も美しい

別名をシャラノキといいますが、インドの聖木、沙羅双樹(さらそうじゅ)とは異なります。しかし、沙羅双樹の代用で寺院に植えられることが多いようです。

●マメ科
[Albizia julibrissin]

ネムノキ

樹の花

梅雨の半ばを過ぎる頃に、横に張り出した小枝の先にふわりとしたやさしい花を開く。一つの花のように見えるのは実は10〜20の小花が集まったもので、夕方いっせいに開き、翌日にはしぼんでしまう。ピンク色を帯びた細い糸状のものは長い雄しべ。

目立つのは雄しべで、花弁（かべん）は目立たない▶

分　類：落葉高木
花　期：7〜8月
樹　高：3〜10m
分　布：本州〜沖縄
漢字名：合歓の木
別　名：ネム、ネブノキ

日が暮れて葉が閉じる頃花が咲く

'サマーチョコレート'

高さが10mにもなり、枝が横に張り出した個性的な樹形

花期
1
2
3
4
5
6
7
8
9
10
11
12

夜になると羽根形の葉が閉じ合わさって垂れ下がり、眠ったようになるところから、この名前があります。

383

ハクチョウゲ

●アカネ科
[Serissa foetida]

刈り込みに強いので生け垣にされることが多い花木。漏斗状で先端が深く5裂した小さな花がたくさん咲く。園芸品種には、淡紅色の花色のものや、花が大きな二重咲き、八重咲き、葉に斑が入るものなどもある。葉は楕円形で対生する。

◀漏斗形(ろうと)の花は5裂して星形に開く

分 類	常緑〜半常緑低木
花 期	5〜7月
樹 高	50〜100cm
分 布	沖縄、東南アジア原産
漢字名	白丁花
別 名	ハクチョウボク

斑入り葉種'ジューンスノー'

よく枝分かれし、紅色を帯びた小花が株一面に咲く

シチョウゲ

よく似たものに、花が紫色のシチョウゲがあります。ハクチョウゲの品種の一つと勘違いする人もいますが別物で、近畿や四国に自生しています。

●ダビディア科
[Davidia involucrata]

ハンカチノキ

樹の花

近年、庭、公園、街路などで見かける。白いハンカチを垂らしたような花の姿からこの名があり、風に揺れるさまを白いハトが空を舞う姿にたとえて、ハトノキの別名もある。花に見える2枚の白い苞葉(ほうよう)が合わさったところに球状の花が咲く。

◀花は花弁がなく雄しべが多数ある

分　類：落葉高木
花　期：5〜6月
樹　高：5〜20m
原産地：中国の四川省、雲南省
別　名：ハトノキ、ダビディア

果実は直径3〜4cm

矮性種(わいせいしゅ)'ソノマ'

大きな白い2枚の苞葉が特徴で、花が散る頃はより白くなる

花期
1
2
3
4
5
6
7
8
9
10
11
12

中国南西部の山地に自生する珍しい花木で、フランス人アルマン・ダビッド神父によって発見されました。ちなみにパンダをヨーロッパに紹介したのも彼です。

ヒペリカム

●オトギリソウ科
[Hypericum]

花弁より長い雄しべが目立つビヨウヤナギと、細い枝の先にカップ状の花が咲くキンシバイの2つがこの仲間の代表。どちらも梅雨の頃に鮮やかな黄色い花を咲かせる。ほかに、花は小さいが、美しい実を観賞する種類などもある。

◀雄しべが盛り上がって咲く'サンバースト'

分　類：常緑または落葉低木
花　期：6〜7月
樹　高：50〜150cm
原産地：中国
別　名：ヒペリクム

花期
1
2
3
4
5
6
7
8
9
10
11
12

公園などで見かけるキンシバイ。雄しべは花から突き出ない

花弁の間に隙間があるビヨウヤナギ

花弁の間に隙間がないキンシバイ

キンシバイとビヨウヤナギは、一見すると似ていますが、花弁が離れているのがビヨウヤナギ、花弁がくっついているのがキンシバイと覚えるとよいでしょう。

ビヨウヤナギ。花が美しく葉がヤナギに似ていることから美女柳(びじょやなぎ)ともいう

キンシバイ。ウメに似た花形と雄しべが金糸のように美しいので金糸梅(きんしばい)という。対生する葉が整然と並ぶ

'ヒドコート'。キンシバイの園芸品種で、大型の大輪種。庭や公園で近年特によく見かける

コボウズオトギリ。枝の先に小さめの黄色い花を開き、花後(ご)、赤い実をつける。実は熟すと紫、黒と色が変わる

ヒメシャラ

●ツバキ科
[Stewartia monadelpha]

庭や公園でよく見かける。葉のわきに5弁の白い花を1つずつ咲かせる。ナツツバキ（別名シャラノキ）に似ていて、小形なことが名の由来だが、木は高木になる。葉は先が尖った長楕円形で互生する。葉を落とした冬姿も美しい。

◀花は直径2cm程度で小さい

分　類	落葉小高木
花　期	7～8月
樹　高	2～15m
分　布	神奈川県以西
漢字名	姫沙羅
別　名	コナツツバキ、サルナメリ

紅葉と赤褐色の樹皮が美しい

花期
1
2
3
4
5
6
7
8
9
10
11
12

ナツツバキ（p382）によく似ているが、花も葉も小ぶり

冬芽は長さ7～10mm

花に派手さはなく、控えめな印象です。淡い赤褐色でなめらかな樹皮が美しく、ナツツバキ同様、庭木としてよく植えられています。

● バラ科
[Pyracantha angustifolia]

ピラカンサ

樹の花

ピラカンサはトキワサンザシ属の総称。花と果実を楽しむ樹で、庭木や生垣などに仕立てられたのをよく見かける。初夏に枝を埋めるように白い小さな花をつけ、秋から冬にかけて、重みで枝がたわむほど、赤や黄色の小さな果実を鈴なりにつける。

5～6月に咲くタチバナモドキの花▶

分　類：常緑低木
花　期：5～6月
樹　高：2～6m
原産地：西アジア
別　名：タチバナモドキ、
　　　　トキワサンザシ

果実の色が美しい'ローズデール'

'黄鶴'

壁面仕立て。枝はトゲ状になり、光沢のある小さな葉をつける

花期
1
2
3
4
5
6
7
8
9
10
11
12

初夏に咲く純白の花と秋に生る赤い実は、それぞれの季節でひときわ存在感を示します。実は秋遅くまで残ります。

樹の花

ルリマツリ

●イソマツ科
[Plumbago auriculata]

霜の降りない暖地では庭植えができる。よく分枝する細長い枝がアーチ状に長く伸び、初夏から秋にかけて、枝の先に淡青色の花を房状につけて、次々と咲いていく。花の基部の萼(がく)に触るとねばねばする。花色(はないろ)が白や濃い青色の品種もある。

◀細長い花筒の先が5裂して平らに開く

分　類：半蔓(つる)性常緑低木
花　期：6～11月
樹　高：1～3m
原産地：南アフリカ
漢字名：瑠璃茉莉
別　名：プルンバーゴ、アオマツリ

よく見かける淡いブルーの花

花期
1
2
3
4
5
6
7
8
9
10
11
12

花がマツリカ（ジャスミン）に似て、青い花が咲くのが名の由来　白花種

暖地の狭い路地や玄関先でよく見かけます。暖地では1年中花を咲かせます。

●ミズキ科
[Benthamidia japonica]

ヤマボウシ

樹の花

庭木や公園樹、街路樹にもされる。ハナミズキ（p335）に似ているが、花弁のような苞の先端が尖っていることや、葉が出てから花を咲かせるなどの違いがある。苞が淡紅色のベニバナヤマボウシや淡黄色のヒマラヤヤマボウシなどもある。

◀花は中心部に球形に集まって咲く

分　類：落葉小高木
花　期：6〜7月
樹　高：3〜10m
分　布：本州〜九州
漢字名：山法師
別　名：ヤマグワ

ベニバナヤマボウシ

ヒマラヤヤマボウシ

果実は生食でき果実酒にも

4枚の総苞片（そうほうへん）が花弁のように美しく、枝がしなるほど花をつける

花期
1
2
3
4
5
6
7
8
9
10
11
12

名は山法師の意味。丸く集まった花を法師の坊主頭に見立て、花びらのような白い総苞片を頭巾に見立てて名付けられました。

391

アブチロン

●アオイ科
[Abutilon]

よく見かけるのはウキツリボクと呼ばれるメガポタミクム種。細い枝を長く伸ばして下垂させるので、垣根などにからませて蔓植物のように扱われている。暖地では周年花が見られる。立ち上がる枝に広鐘形の花を下向きに開く種類もある。

◀赤い萼片(がくへん)から黄花の花弁(かべん)がのぞく

分　類：常緑低木
花　期：周年
樹　高：1～3m
分　布：世界の熱帯、亜熱帯
別　名：フラワリングメイプル

'ピンクカメレオン'

ブラジル原産のウキツリボク。花姿からチロリアンランプの愛称がある

木立性アブチロンの斑入り(ふいり)種

> ギリシャ語では、アブチロンの「ア」は否定の意、「ブチロン」は牡牛の下痢の意味で、家畜の下痢止めに効果があるといわれることから付いた名です。

● スイカズラ科
[Abelia]

アベリア

樹の花

アベリアの名でよく見かけるのはハナゾノツクバネウツギで、大正時代に渡来した。丈夫で、街路樹の下の植え込みや生け垣などに利用される。淡いピンクを帯びた白い釣り鐘状の花が晩秋のころまで咲き続ける。斑入り葉の園芸品種もある。

筒状の花は先が5裂して星形に開く▶

分　類：常緑低木
花　期：5〜11月
樹　高：1〜2m
原産地：中国、台湾
別　名：ハナゾノツクバネウツギ

ピンク花種'エドワード・ゴーチャー'

斑入り葉種'カレイドスコープ'　たくさんの花が、長い間次々と咲く。花はやさしい香りがする

別名のハナゾノツクバネウツギは、萼片（がくへん）が羽子板（はごいた）でつく「衝羽根（つくばね）」に似ていることと、花園のように花がたくさん咲くことを強調して名付けられました。

アメリカデイコ

●マメ科
[Erythrina crista-galli]

沖縄や小笠原では庭木や街路樹にされるデイコの仲間で、葉が茂った枝の先に、赤い花を穂状にたくさん咲かせる姿は南国的な魅力がある。花は長さ5cmくらいの蝶形で、幅広の「旗弁」というよく目立つ花弁が下側になって開く。

◀花は下向きにつく

分　類：落葉小高木
花　期：6～9月
樹　高：2～6m
原産地：南アメリカ
漢字名：亜米利加梯沽
別　名：カイコウズ

葉が出ると同時に真っ赤な蝶形花(ちょうけいか)が咲く。鹿児島県の県木

マルバデイコ

サンゴシトウ

熱帯性の陽気で情熱的な花です。沖縄県の県花のデイコは葉が出る前に開花します。近似種のサンゴシトウの花は平開せず筒状に咲きます。

● キョウチクトウ科
[Nerium oleander var. indicum]

キョウチクトウ

樹の花

大気汚染に強いので、街路樹としてよく植えられている。庭や公園でもよく見かける。一重（ひとえ）と八重咲き（やえざき）があり、盛夏に次々と花を開く。花色（はないろ）が豊富で、斑入り葉種などの園芸品種も多い。有毒植物なので、口に入れないように要注意。

花の先が5裂し、花びらがプロペラ状になる▶

分　類：常緑小高木
花　期：6～9月
樹　高：2～5m
原産地：インド
漢字名：夾竹桃

八重咲き種

一重咲き種

夏を彩る代表的な花木のひとつで、樹全体を覆うほど花が咲く

花期
1
2
3
4
5
6
7
8
9
10
11
12

名は、葉が竹のように細長く、モモのような花が咲く木という意味で、中国で名付けられた「夾竹桃」の音読みです。

395

サルスベリ

●ミソハギ科
[Lagerstroemia indica]

夏の暑い盛りから秋風の吹く頃まで、白や桃、紅色などの花を次々と咲かせていく。丸い6枚の花弁がシワシワに縮れ、花弁(かべん)の基部が細い糸状になっているのが特徴。枝や幹が曲がって伸び、卵状楕円形の葉が互生する。花後に丸い果実がつく。

◀花は一日花だが、蕾(つぼみ)が次々と開く

分　類：落葉中高木
花　期：7～9月
樹　高：2～9m
原産地：中国南部
漢字名：猿滑り
別　名：ヒャクジツコウ

'夏まつり'

紅色の花が百日も咲くといわれ、百日紅(ひゃくじつこう)の別名もある

樹皮がはがれてすべすべした幹

江戸時代初期に渡来しました。幹の肌がつるつるして滑りやすいから、サルでも登れないだろうというのが名の由来です。

● ノウゼンカズラ科
[Campsis grandiflora]

●● ノウゼンカズラ

樹の花

平安時代に渡来し、古くから親しまれている。蔓状の茎の節から体を支える付着根を出し、塀や壁などを這い登る。垂れ下がった枝の先にオレンジ色のラッパ形の花が横向きに多数開く。近縁種に花が小ぶりなアメリカノウゼンカズラがある。

花は先が5裂する漏斗形（ろうとけい）▶

分　類：蔓性落葉小高木
花　期：7～8月
樹　高：2～5m
原産地：中国
漢字名：凌霄花

'マダム・ガレン'

アメリカノウゼンカズラ　　真夏に、橙赤色の花が枝からシャンデリアのよう吊り下がって咲く

花期
1
2
3
4
5
6
7
8
9
10
11
12

花はエキゾチックでしゃれた感じがありますが、ひなびた田舎で多く見かけ、日本の原風景の一部になっている感じがして不思議です。

397

ブッドレア

●フジウツギ科
[Buddleja davidii]

初夏から秋の中旬頃まで途切れることなく咲き続ける花期の長さも魅力だが、何といっても長い花穂（かすい）が放つ甘い香りが素晴らしい。ブッドレアの名前で一般に栽培されるのは、中国原産のダビディー種で、多くの園芸品種があり、花色（はないろ）も豊富。

◀甘い香りで、蝶が特に好む花

分　類：落葉低木
花　期：6〜10月
樹　高：2〜5m
原産地：中国
漢字名：藤空木
別　名：フサフジウツギ、
　　　　バタフライブッシュ

白花の園芸種

花穂が長く、花穂の先端が咲く頃には元の方の花は終わっている

濃紫色の園芸種

英名をバタフライブッシュといいます。見ていると、確かにたくさんのチョウやハチなどが訪れ、昆虫の観察にはよい木です。

●アオイ科
[Hibiscus mutabilis]

フヨウ

樹の花

古くに渡来し、花の寿命は一日だが、夏から秋まで花径10cm内外の大輪花が、次々と咲いていく。朝開いたときは白色の花が、夕刻には紅をおび、酒を飲んだようになる、酔芙蓉(すいふよう)は、八重咲きの園芸品種。葉は手のひら状に裂けて、互生する。

花は椀(わん)状で一重(ひとえ)の5弁花▶

分　類：落葉低木
花　期：7〜10月
樹　高：2〜4m
原産地：中国
漢字名：芙蓉
別　名：モクフヨウ

ピンクに染まり始めたスイフヨウ

フヨウの果実

優雅な雰囲気を漂わせて、花が少なくなる夏〜秋の庭を彩る

花期
1
2
3
4
5
6
7
8
9
10
11
12

花は、艶麗にして清楚、ちょっと憂いを漂わせているようにも見えます。美人をたとえて「芙蓉(ふよう)の顔(かんばせ)」と表現します。

399

ムクゲ

●アオイ科
[Hibiscus syriacus]

奈良時代に中国から渡来した。夏の日差しにも負けず、秋の頃まで次々と咲いていく旺盛な生命力と花期の長さから、韓国では無窮花（ムグンファ）と名付けて国花になっている。よく見かけるのは花弁（かべん）が5枚の一重咲きだが、半八重（はんやえ）や八重（やえ）咲きの品種もある。

◀花の中心部が紅色になるものもある

分　類	落葉低木
花　期	7～10月
樹　高	3～4m
原産地	中国、インド
漢字名	木槿
別　名	ハチス、キハチス

'ピンクデライト'

'玉兎'

幹も枝もまっすぐ伸ばし、次々と花を咲かせて夏の庭を飾る花木

'光花笠'

花は一日花といわれていますが、実際は一重で2～3日、八重で1週間ほどももちます。落ち着きつきのある花は茶花（ちゃばな）（床に生ける花）としても用いられます。

●クマツヅラ科
[Lantana]

ランタナ

樹の花

小さな花が手毬状に集まって、晩春から秋まで次々と咲き続ける。花色が変わるものもあり、花房の周辺から中心部へと咲いていくので、一つの花房でさまざまな色の組み合わせが見られる。花の色が変わらないコバノランタナもある。

暖地では周年、咲き続ける▶

分　類：常緑低木
花　期：5〜11月
樹　高：1〜3m
原産地：中南米
別　名：シチヘンゲ

コバノランタナ

'ヒブリダ'

花色が変化するので、「七変化(しちへんげ)」とも呼ばれる

花期
1
2
3
4
5
6
7
8
9
10
11
12

果実は有毒ですが、果肉だけを消化してタネを排出する鳥には無毒で、タネを噛み砕く哺乳類には有毒といわれます。これこそ植物の知恵というものでしょうか。

セイヨウニンジンボク

●クマツヅラ科
[Vitex agnus-castus]

枝葉や果実が独特の香気を放つ。ヨーロッパでは果実を香料に使う。淡い紫色の優しげな花を穂状に集めて、枝いっぱいに咲かせる。小さな花は雄しべと雌しべが突き出た唇形花。若木のうちからよく花が咲くので、関東以西では庭木にされる。

◀花が穂状につき、穂の長さ 15〜20cm

分　類：落葉低木
花　期：7〜9月
樹　高：1〜5m
原産地：南ヨーロッパ、西アジア
漢字名：西洋人参木
別　名：ヴィテックス、イタリアニンジンボク

夏の庭に涼しげな彩りを添える

全体に香気があるのが特徴。枝が横に大きく広がる

小葉は5〜7枚でキザギザがない

手のひら状に裂けた葉の形がチョウセンニンジンに似ていることからニンジンボクの名があります。

● マメ科
[Lespedeza]

ハギ

樹の花

ゆるやかに曲線を描いた優雅な姿が日本人に好まれ、秋の七草の筆頭にあげられるほど。多くの種類があるが、人家近くでよく見かけるのは、ミヤギノハギ、ヤマハギ、シロバナハギ、マルバハギなどで、いずれも小さな蝶形花を葉のわきにつける。

花はマメ科特有の蝶形花▶

分　類：落葉低木
花　期：6～10月
樹　高：1～3m
分　布：日本全土
漢字名：萩

シロバナハギ

ヤマハギ

ソメワケハギ '江戸絞り'

最もよく見かけるミヤギノハギ。枝が長く伸びて花を多数咲かせる

花期
1
2
3
4
5
6
7
8
9
10
11
12

ハギは生芽が語源で、毎年春に古い株から芽を出すことを意味したものだそうです。

403

樹の花

モクセイ

●モクセイ科
[Osmanthus]

春にはジンチョウゲが、秋にはモクセイ類が香りの良い花木として親しまれている。モクセイ類には、花が橙色のキンモクセイ、白色のギンモクセイ、薄黄色のウスギモクセイなどがある。どこからともなく漂う花の香りに秋の深まりを教えられる。

◀葉のわきに小さな花が密集してつく

分　類：常緑高木
花　期：10月
樹　高：3〜6m
原産地：中国
漢字名：木犀

ギンモクセイ

ウスギモクセイ

花期
1
2
3
4
5
6
7
8
9
10
11
12

モクセイの仲間の中では最も香りが強いキンモクセイ

キンモクセイは普段、あまり目立ちませんが、花の季節はあたり一面によい香りを放って精一杯、存在をアピールしているようです。

サザンカ

●ツバキ科
[Camellia sasanqua]

冬の訪れを予感させる頃、ちらほらと蕾（つぼみ）がほころびはじめる。ツバキによく似ているが、ツバキよりやや寒さに弱く、若い枝や葉柄に毛があり、花弁（かべん）が1枚ずつばらばらになって散るのが特徴。ツバキとの交雑種にハルサザンカやカンツバキがある。

花径4〜6cm。一重咲きの野生種▶

分　類：常緑小高木
花　期：9〜2月
樹　高：2〜6m
分　布：山口県、四国、九州、沖縄
漢字名：山茶花

サザンカ'丁子車'

カンツバキ'勘次郎'

ハルサザンカ'絞り笑顔'

日本特産の花木。江戸時代から庭木として利用されている

樹の花

花期
1
2
3
4
5
6
7
8
9
10
11
12

開花期によって、秋から冬にかけて咲くサザンカ、冬から春にかけて咲くハルサザンカ、真冬に咲くカンツバキのグループに分けられています。

チャノキ

●ツバキ科
[Camellia sinensis]

ツバキやサザンカの仲間で、白い5枚の花弁が、たくさんの雄しべを包むように下向きに、ふっくらと開く。厚くて光沢のある長楕円形の葉が互生する。果実は球形で、熟すと3つに裂けて茶色の種子を出す。淡紅色の花をつけるベニバナチャもある。

◀ふさふさとした黄色い雄しべが目立つ

分　類：常緑低木
花　期：10～11月
樹　高：1～2m
原産地：中国
漢字名：茶の木
別　名：チャ、メザマシグサ

茶畑のほか、庭や生垣などに植えられ、山地にも自生する

ベニバナチャ

果実。熟すと3裂する

チャは重要な農産物。整然と刈り込まれた茶畑の初夏の新芽は美しいもの。初冬に咲く清楚な白い花があまり知られていないのが残念です。

エリカ

●ツツジ科
[Erica]

壺形や筒形、鐘形の愛らしい花を咲かせる。ヨーロッパでは重要な庭園アイテムの一つ。日本では大正年間に導入されたジャノメエリカが古くから栽培され、耐寒性もあるので暖地では庭木にもされる。最近は、近縁種のカルーナも見かける。

◀黒い葯(やく)が目立つジャノメエリカ

分　類：常緑低木
花　期：11〜3月
樹　高：20〜200cm
原産地：ヨーロッパ、アフリカ
別　名：ヒース、ハイデ

'クリスマスパレード'

カルーナ

ジャノメエリカは、エリカの中では大形で11〜3月が開花期

花期
1
2
3
4
5
6
7
8
9
10
11
12

エリカは荒地を意味する英名のヒースでも知られています。「嵐が丘」や「マクベス」、「リア王」などに荒涼たるヒースの原野が登場します。

407

ツバキ

●ツバキ科
[Camellia japonica]

日本を代表する花木の一つで、つややかな緑の葉と赤い花が魅力。ヤブツバキとユキツバキが交配親になり、多くの園芸品種がつくられている。18世紀にはヨーロッパに伝わり、美しい花は人々を魅了し、今では世界中で愛されている。

◀ヤブツバキは花が平らに開かない

分　類：常緑小高木
花　期：11～5月
樹　高：3～5m
分　布：日本、中国、ベトナム
漢字名：椿

ユキツバキ

オトメツバキ

サザンカ（p405）と違って花首ごとぽとりと落ちるのが特徴　'尾張侘介'

ヤブツバキとユキツバキは、花の咲き方と花糸の色で区別できます。前者は筒状で雄しべの花糸が白色。後者は花が手のひら状に平らに開いて花糸が黄色。

●ロウバイ科
[Chimonanthus praecox]

ロウバイ

樹の花

春もまだ遠い冬のさなか、小枝いっぱいに黄色い花を咲かせ、よい香りをあたり一面に漂わせる。ロウ細工のような光沢のある花の中心部は紫褐色。最近は、より芳香が強く、花の中心部まで黄色いソシンロウバイの系統を多く見かける。

中心部が紫を帯びるロウバイの花▶

分　類：落葉低木
花　期：12〜3月
樹　高：2〜3m
原産地：中国
漢字名：蠟梅
別　名：カラウメ、ナンキンウメ

マンゲツロウバイ

ロウバイの果実

近くを通るとウメに似たすがすがしい香りが漂うソシンロウバイ

花期
1
2
3
4
5
6
7
8
9
10
11
12

蠟月（陰暦の12月）にウメに似た花を咲かせるのでこの名がありますが、花弁が蜜蠟のような色と質感があるため、という説もあります。

409

ローズマリー

●シソ科
[Rosmarinus officinalis]

江戸時代に渡来した。つやがある細長い葉をびっしりとつけ、全体にツンとした森林を思わせるような爽やかな香りがある。唇形(しんけい)の花を枝からあふれるように咲かせる。茎が直立するタイプと下垂するタイプがあり、園芸種が多く花色(はないろ)もさまざま。

◀花は葉のわきにいくつも咲く

分　類：常緑低木
花　期：11～5月中旬
樹　高：1～2m
原産地：地中海沿岸
別　名：マンネンロウ

ハーブとして有名で、料理の香りづけなどに用いられる

直立性のローズマリー

白花の園芸種

葉をなでると強い香りがして爽快感が味わえます。体臭が気になるときはポケットに少量しのばせるだけで消臭効果が期待できます。

さくいん

●──太字は各ページのタイトル種、細字は別名などです。

アイスランドポピー	10	アワダチソウ	302	オオベニウツギ	350
アイビーゼラニウム	69	アワバナ	291	オオベニタデ	290
アカシア	306	**イカリソウ**	34	オオマツヨイグサ	265
アカツメクサ	251	イシャイラズ	273	オオヤエクチナシ	373
アカバナアメリカチョウジタデ	354	イソスミレ	215	**オカトラノオ**	257
アカバナマツシムソウ	115	イタリアニンジンボク	402	**オキザリス**	190
アカバナマンサク	317	イヌガラシ	220	オギョウ	224
アカバナユウゲショウ	254	イヌヌキイモ	207	**オシロイバナ**	146
アガパンサス	90	**イヌタデ**	292	**オステオスペルマム**	37
アカマンマ	289	**イヌタデ**	289	オダマキ	92
アキノキリンソウ	302	イフェイオン	20	オトコエシ	291
アキノノゲシ	288	**イベリス**	54	オトメギキョウ	60
アキレア	91	イモカタバミ	250	オトメツバキ	408
アクイレギア	92	イヨミズキ	315	オドリコソウ	227
アゲラタム	28	**インパチェンス**	95	オニゲシ	97
アサガオ	142	ウインターコスモス	195	**オニタビラコ**	237
アサマフウロ	106	ウケザキカイドウ	323	オニノゲシ	221
アジサイ	366	ウシハコベ	203	オニユリ	137
アシビ	307	ウスギモクセイ	404	**オミナエシ**	291
アジュガ・レプタンス	29	**ウツギ**	342	オランダアヤメ	150
アスター	94	ウツボグサ	255	オランダセキチク	56
アセビ	307	ウノハナ	342	**オリエンタルポピー**	97
アセボ	307	**ウメ**	308	**オルラヤ**	98
アツバキミガヨラン	368	ウモウケイトウ	153	オンツツジ	330
アネモネ	30	ウンナンオウバイ	309	**ガーデニア**	373
アブチロン	392	エウリオプス	200	ガーデンシクラメン	198
アフリカキンセンカ	46	**エゴノキ**	369	**カーネーション**	56
アフリカデージー	37	エゾヤマリンドウ	188	**ガーベラ**	57
アベリア	393	エゾギク	94	ガールマグノリア	339
アマギシャクナゲ	348	エゾミソハギ	176	カイコウズ	394
アマドコロ	206	**エニシダ**	321	**カイドウ**	323
アマリリス	31	エニシダ	321	ガイラルディア	163
アメフリバナ	266・281	**エビネ**	35	**ガウラ**	99
アメリカザイフリボク	328	**エリカ**	407	カガリビバナ	198
アメリカシャクナゲ	343	**エリゲロン**	96	**カキドオシ**	209
アメリカチョウセンアサガオ	272	**エリシマム**	55	ガクアジサイ	367
アメリカデイコ	394	エンジェルストランペット	371	カクトラノオ	165
アメリカノウゼンカズラ	397	**オイランソウ**	145	カコニウ	255
アメリカハナズオウ	334	黄金葉コデマリ	325	カザグルマ	346
アメリカヒトツバタゴ	358	オウショッキ	121	**ガザニア**	58
アメリカフウロ	235	**オウバイ**	309	カシワバアジサイ	367
アメリカフヨウ	144	オオアレチノギク	236	**カスミソウ**	100
アメリカヤマゴボウ	287	**オオイヌノフグリ**	202	**カタバミ**	238
アメリカヤマボウシ	335	オオキンケイギク	256	カッコウアザミ	28
アヤメ	32	オオケタデ	290	カミソリナ	242
アラセイトウ	19	**オオジシバリ**	208	カモマイル	59
アリアケスミレ	215	オオシマザクラ	326	**カモミール**	59
アリウム	53	オオシロノケイ	314	カヤツリグサ	225
アルストロメリア	33	**オオデマリ**	322	**カラー**	101
アルメリア	11	**オーニソガラム**	36	カラスウリ	268
アレチノギク	236	オオバコ	225	**カラスノエンドウ**	210

411

カラタネオガタマ	370	**キンミズヒキ**	270	**コリウス**	154
カラボケ	316	キンモクセイ	404	**コレオプシス**	**107**
カラミンサ	**102**	ギンモクセイ	404	**コンギク**	182
カラミント	102	ギンヨウアカシア	306	ゴンフレナ	159
カランコエ	**197**	**キンレンカ**	**149**	**サクラ**	326
ガランサス	199	クサキョウチクトウ	145	**サクラソウ**	**39**
カリブラコア	127	**クサノオウ**	**211**	ザクロ	374
カリン	**324**	クサフジ	245	**サザンカ**	**405**
カルーナ	407	クサヨウ	144	サツキ	330
カルセオラリア	**12**	クジャクアスター	185	サトザクラ	327
カルミア	**343**	クズ	271	サフィニア	126
カレンデュラ	13	クダモノケイソウ	381	**サフラン**	**189**
カロライナジャスミン	**344**	クチナシ	373	サポナリア	108
カワヅザクラ	326	**グラジオラス**	**150**	サラサモクレン	339
カワラナデシコ	**267**	**クリサンセマム**	**14**	**サルスベリ**	**396**
カンツバキ	405	**クリスマスローズ**	**15**	サルナメリ	388
カントウタンポポ	217	クリナム	104	**サルビア**	**156**
カントリソウ	209	クリヌム	104	サワギキョウ	169
カンナ	**147**	クリムソンクローバー	42	**サンガイグサ**	**205**
カンパニュラ	**60**	クルメケイトウ	153	サンゴシトウ	394
寒ボタン	363	クルメツツジ	330	サンシクヨウソウ	34
カンムリキンバイ	120	**クレオメ**	**151**	サンジソウ	280
ガンライコウ	186	**クレマチス**	**346**	**サンシュユ**	**311**
キカラスウリ	268	クローバー	244	ザンテデスキア	101
キキョウ	**148**	**クロコスミア**	**152**	サンパチェンス	95
キキョウソウ	**239**	クロタネソウ	**63**	**シオン**	**182**
キク	**192**	クロッカス	16	四季咲きベゴニア	125
キクイモ	**292**	クンショウギク	58	**ジギタリス**	**109**
キショウブ	**240**	クンショウグサ	252	**シクラメン**	**198**
キダチチョウセンアサガオ	**371**	グンバイナズナ	230	**シコンノボタン**	**375**
キツネアザミ	**241**	ゲイシュンカ	309	シダレザクラ	326
キツネノカミソリ	278	**ケチョウセンアサガオ**	**153**	シチヘンゲ	401
キツネノテブクロ	109	ケマンソウ	272	**シチョウゲ**	**384**
キツネノマゴ	**293**	ケムリノキ	105	シナノキンバイ	120
キハチス	400	**ゲラニウム**	**377**	シナマンサク	317
キバナコスモス	181	ゲンゲ	106	シナレンギョウ	320
黄花モクレン	339	**ゲンノショウコ**	**234**	ジニア	168
キブネギク	184	ゲンペイコギク	**273**	**シバザクラ**	**40**
ギボウシ	**103**	コウショッキ	96	ジプソフィラ	100
キミガヨラン	368	コミゾリナ	177	シモクレン	338
キャンディタフト	54	皇帝ダリア	161	**シモツケ**	**376**
キャンディリリー	166	ゴギョウ	224	ジャーマンアイリス	110
球根アイリス	**38**	コクチナシ	373	**シャガ**	**212**
キョウチクトウ	**395**	コゴメバナ	319	**シャクナゲ**	**348**
キリ	345	**コスモス**	**180**	**シャクヤク**	**64**
キリノキ	345	コチョウカ	212	シャグマユリ	118
キリンソウ	302	**コデマリ**	**325**	**シャスタデージー**	**65**
キンギョソウ	**62**	コナスビ	243	ジャノメエリカ	407
キングサリ	372	コバノランタナ	401	シャボンソウ	108
キンケイギク	107・256	**コブシ**	**310**	シャラノキ	382
キンシバイ	386	コボウズオトギリ	387	**シャリンバイ**	**349**
キンセンカ	**13**	コマチソウ	249	**シュウカイドウ**	**183**
キンチャクソウ	12	コマツヨイグサ	265	**シュウメイギク**	**184**
キンポウジュ	360			ジュウヤク	260

ジューンベリー	328	セイタカアキノキリンソウ	294	**チューリップ**	**44**
宿根カスミソウ	100	**セイタカアワダチソウ**	**294**	チューリップツリー	364
宿根ロベリア	88	セイヨウアジサイ	367	チョウセンレンギョウ	320
宿根アスター	**185**	セイヨウアブラナ	216	チョコレートコスモス	180
宿根フロックス	145	セイヨウオダマキ	92	ツキクサ	259
ジュノーアイリス	38	**セイヨウカラシナ**	**216**	**ツキヌキニンドウ**	**379**
シュンラン	**213**	セイヨウカンボク	359	ツキミソウ	265
ショカツサイ	232	セイヨウキンバイ	120	ツクシ	225
食用ホオズキ	171	セイヨウシャクナゲ	348	ツタガラクサ	112
シラー	**17**	セイヨウタンポポ	217	**ツツジ**	**330**
シラン	66	セイヨウトチノキ	354	ツツジグサ	217
シレネ	67	**セイヨウニンジンボク**	**402**	**ツバキ**	**408**
シロクジャク	185	セイヨウマツムシソウ	115	ツボサンゴ	124
シロタエギク	**111**	**ゼニアオイ**	**258**	ツボスミレ	215
シロツメクサ	**244**	**ゼフィランサス**	**158**	ツヤブキ	194
シロバナエニシダ	321	**ゼラニウム**	**69**	**ツユクサ**	**259**
シロバナタンポポ	217	センナリホオズキ	171	ツリガネソウ	60
シロバナツユクサ	259	**センニチコウ**	**159**	ツリガネヤナギ	130
シロバナハギ	403	**センニンソウ**	**275**	**ツルニチニチソウ**	**351**
シロバナハナズオウ	403	ソウビ	356	**ツルハナナス**	**380**
シロバナヤエウツギ	342	ソケイモドキ	380	**ツワブキ**	**194**
シロヤマブキ	**329**	ソシンロウバイ	409	テイカカズラ	352
シロバナヤマブキ	341	ダイアンサス	72	ディモルフォセカ	46
シンキリシマリンドウ	188	耐寒マツバギク	162	デージー	47
ジンジャー	**155**	**タイサンボク**	**378**	デイリリー	128
ジンチョウゲ	**312**	タイツリソウ	105	テッセン	346
新テッポウユリ	276	タイマツバナ	135	テッポウユリ	137
シンバラリア	**112**	タイワンホトトギス	196	デプラデニア	175
スイートアリッサム	**41**	タウエバナ	350	テマリバナ	322
スイートピー	**68**	タウチザクラ	310	**デルフィニウム**	**117**
スイカズラ	379	タカアザミ	303	デロスペルマ	162
スイシカイドウ	323	**タカサゴユリ**	**276**	テンジクアオイ	69
スイセン	**18**	タケニグサ	277	**テンニンギク**	**163**
スイセンノウ	113	ダスティーミラー	111	ドイツアザミ	70
スイバ	225	タチアオイ	173	ドイツアヤメ	110
スイフヨウ	399	タチシャリンバイ	349	**ドイツスズラン**	**71**
スイミツトウ	340	タチツボスミレ	215	トウオガタマ	370
スイレン	114	タチバナモドキ	389	**ドウダンツツジ**	**332**
スオウバナ	334	タツタナデシコ	72	トキワサンザシ	389
スカビオサ	**115**	ダッチアイリス	38	**トキワマンサク**	**353**
スギナ	225	ダツラ	272	ドクダミ	260
スキラ	17	**タニウツギ**	**350**	**トケイソウ**	**381**
スジテッポウユリ	276	ダビディア	385	**トサミズキ**	**313**
スズメノエンドウ	210	**ダリア**	**160**	**トチノキ**	**354**
ストケシア	116	ダンゴギク	170	**トリトマ**	**118**
ストック	**19**	ダンダンギキョウ	239	**トレニア**	**119**
ストロベリーキャンドル	**42**	ダンディライオン	217	**トロリウス**	**120**
スノードロップ	199	ダンドク	147	**トロロアオイ**	**121**
スノーフレーク	**43**	**タンポポ**	**217**	ナガミヒナゲシ	218
スピードウェル	129	タンポポモドキ	283	ナスタチューム	149
スベリヒユ	274	チシャノキ	369	ナズナ	219
スミレ	214	チドリソウ	84	ナツザキテンジクアオイ	78
スミレ（洋種）	**50**	**チャノキ**	**406**	**ナツズイセン**	**278**
スモークツリー	377	チャンパギク	277	**ナツツバキ**	**382**

413

ナデシコ	72	パッションフラワー	381	**ヒメオドリコソウ**	227		
ナニワイバラ	357	ハツユキカズラ	352	ヒメキンギョソウ	85		
ナヨクサフジ	**245**	ハトノキ	385	ヒメシャガ	212		
ナンジャモンジャ	358	ハナアザミ	70	**ヒメシャラ**	**388**		
ニオイアラセイトウ	55	ハナカイドウ	323	ヒメジョオン	262		
ニオイスミレ	50	ハナガサシャクナゲ	343	**ヒメツルソバ**	**75**		
ニオイナズナ	41	ハナケマンソウ	105	ヒメツルニチニチソウ	351		
ニガナ	**246**	ハナショウブ	122	ヒャクジツコウ	396		
ニゲラ	63	**ハナズオウ**	**334**	**ヒャクニチソウ**	**168**		
ニセアカシア	355	ハナスベリヒユ	172	ヒュウガミズキ	315		
ニチニチソウ	**164**	ハナゾノツクバネウツギ	393	**ヒューケラ**	**124**		
ニチリンソウ	167	**ハナトラノオ**	**165**	ビヨウヤナギ	386		
ニホンサクラソウ	39	ハナニガナ	246	ヒヨドリジョウゴ	298		
ニホンズイセン	18	ハナニラ	20	ピラカンサ	389		
ニューギニアインパチェンス	95	ハナミズキ	335	ヒラドツツジ	330		
ニリンソウ	220	ハハコグサ	224	ヒルガオ	281		
ニワゼキショウ	247	ハブランサス	123	ヒルザキツキミソウ	263		
ネジバナ	261	ハマカンザシ	11	ビロードモウズイカ	282		
ネバリノギク	182	ハマモッコク	349	ビンカ	164・351		
ネム	383	**バラ**	356	ピンクナツツバキ	382		
ネムノキ	**383**	**ハリエンジュ**	355	フィソステギア	165		
ネモフィラ	**48**	ハルコガネバナ	311	フイリジンチョウゲ	312		
ノアザミ	**248**	ハルサザンカ	405	フウチョウソウ	151		
ノイバラ	356	**ハルジオン**	**226**	フウリンソウ	60		
ノウゼンカズラ	**397**	ハルジョオン	226	フウロソウ	106		
ノガラシ	207	バルドサム	14	フカミグサ	362		
ノカンゾウ	**279**	ハルノノゲシ	221	**フキ（フキノトウ）**	**204**		
ノゲシ	**221**	ハンカチノキ	385	**フクジュソウ**	**24**		
ノコギリソウ	91	パンジー	**21**	フクロナデシコ	67		
ノコンギク	**295**	パンダスミレ	50	フサアカシア	306		
ノジスミレ	214	ハンテンボク	364	**フジ**	**337**		
ノースポール	14	ヒアシンス	22	フジバカマ	299		
ノダフジ	337	ヒイラギナンテン	336	ブタナ	283		
ノハラアザミ	**303**	ヒエンソウ	84	ブッドレア	398		
ノビル	**222**	ヒオウギ	166	フヨウ	399		
ノボリフジ	87	ビオラ	**21**	ブラシノキ	360		
ノボロギク	**223**	ビオラ・ソロリア	50	フランネルソウ	113		
ノリアサ	121	ヒガンバナ	**297**	**フリージア**	**25**		
ハーデンベルギア	**333**	ビジョザクラ	73	フリチラリア	49		
バーバスカム	282	ヒツジグサ	114	**プリムラ**	**26**		
バーベナ	**73**	ヒッペアストルム	31	プリムラ・ポリアンサ	26		
ハイドランジア	366	ヒデリソウ	174	プリムラ・ジュリアン	26		
パイナップルセージ	157	ビデンス	195	プリムラ・マラコイデス	27		
パイナップルリリー	138	ヒトツバタゴ	358	ブルーサルビア	156		
ハギ	**403**	ヒトツバマメ	333	**ブルーデージー**	**76**		
ハキダメギク	296	ヒナギク	47	ブルグマンシア	371		
ハクチョウゲ	**384**	**ヒナゲシ**	**74**	プルンバーゴ	390		
ハクチョウソウ	99	ビバーナム	359	**フロックス・ドラモンディ**	**77**		
ハクモクレン	338	ビブルヌム	359	**ヘクソカズラ**	**284**		
ハゲイトウ	**186**	ヒペリカム	386	ベゴニア・センパフローレンス	125		
ハコネウツギ	350	ヒペリクム	386	**ペチュニア**	**126**		
ハコベ	**203**	ヒマラヤユキノシタ	23	ヘディキウム	155		
ハゴロモジャスミン	314	ヒマワリ	167	ベニウツギ	350		
ハゼラン	**280**	ヒメウツギ	342	ベニバナアセビ	307		

414

名称	ページ	名称	ページ	名称	ページ
ベニバナエゴノキ	369	マンジュシャゲ	297	ヤマアジサイ	366
ベニバナサワギキョウ	**169**	マンジュリカ	214	ヤマザクラ	326
ベニバナシデコブシ	310	**マンデビラ**	**175**	ヤマツツジ	331
ベニバナシャリンバイ	349	マンネンロウ	410	ヤマトレンギョウ	320
ベニバナチャ	406	ミコシグサ	273	ヤマハギ	403
ベニバナトキワマンサク	353	**ミゾソバ**	**300**	**ヤマブキ**	**341**
ベニバナトチノキ	354	ミソハギ	176	ヤマフジ	337
ベニバナミツマタ	318	ミツバツツジ	331	**ヤマボウシ**	**391**
ベニバナヤマボウシ	391	**ミツマタ**	**318**	ヤマホタルブクロ	266
ベニベンケイ	197	ミニアイリス	38	ヤマユリ	137
ヘビイチゴ	**228**	ミニバラ	357	ヤリゲイトウ	153
ヘメロカリス	**128**	ミヤギノハギ	403	ヤリザキリアトリス	178
ペラルゴニウム	**78**	ミヤコワスレ	81	ユウゲショウ	146・254
ベルガモット	135	**ムクゲ**	**400**	**ユーコミス**	**138**
ベルゲニア	23	ムシトリナデシコ	249	ユキヤキ	408
ヘレニウム	**170**	**ムスカリ**	**82**	**ユキノシタ**	**253**
ヘレボルス	15	ムメ	308	**ユキヤナギ**	**319**
ベロニカ	**129**	**ムラサキカタバミ**	**250**	ユッカ	368
ペンステモン	**130**	**ムラサキケマン**	**231**	ユテンソウ	196
ペンペングサ	219	**ムラサキツメクサ**	**251**	**ユリ**	**136**
ホウコグサ	224	**ムラサキツユクサ**	**133**	**ユリオプスデージー**	**200**
ホウセンカ	**131**	ムラサキハシドイ	365	**ユリノキ**	**364**
ホオズキ	**171**	**ムラサキハナナ**	**232**	**ヨウシュヤマゴボウ**	**287**
ポーチュラカ	**172**	ムルチコーレ	14	ヨメナ	295
ホオノキ	**361**	メキシカンブッシュセージ	157	**ラークスパー**	**84**
ホオベニエニシダ	321	**メキシコマンネングサ**	**233**	**ライラック**	**365**
ホクロ	213	メマツヨイグサ	265	**ラナンキュラス**	**51**
ボケ	316	メランポジウム	134	**ラベンダー**	**139**
ホスタ	103	**メランボディウム**	**134**	**ランタナ**	**401**
ホタルブクロ	**266**	モクシュンギク	79	**リアトリス**	**178**
ボタン	**362**	**モクセイ**	**404**	リクニス	113
ボタンキンバイ	120	**モクレン**	**338**	**リコリス**	**187**
ボタンヅル	275	モクレンゲ	338	**リシマキア**	**140**
ホトケノザ	**205**	モジズリ	261	リナリア	85
ホトトギス	**196**	モッコウバラ	357	**リビングストンデージー**	**86**
ホリホック	**173**	**モナルダ**	**135**	リラ	365
ホワイトレースフラワー	98	**モミジアオイ**	**177**	**リンドウ**	**188**
ボンバナ	176	モミジバルコウ	286	ルコウアサガオ	286
マーガレット	**79**	**モモ**	**340**	**ルドベキア**	**141**
マツバウンラン	**229**	モモイロヒルザキツキミソウ	263	**ルピナス**	**87**
マツバギク	**80**	モモバギキョウ	61	**ルリマツリ**	**390**
マツバボタン	**174**	モントブレチア	152	**レインリリー**	**123・158**
マツユキソウ	199	ヤイトバナ	284	**レンギョウ**	**320**
マツヨイグサ	264	八重ドクダミ	260	**レンゲ**	**234**
マホニア	336	**ヤエムグラ**	**252**	**レンゲソウ**	**234**
マメグンバイナズナ	**230**	ヤエヤマブキ	341	レンテンローズ	15
マリーゴールド	**132**	**ヤクシソウ**	**304**	**ロウバイ**	**409**
マルバアサガオ	**285**	**ヤグルマギク**	**83**	**ローズマリー**	**410**
マルバシャリンバイ	349	ヤグルマソウ	83	ロニセラ	379
マルバルコウ	**286**	ヤブカンゾウ	279	**ロベリア**	**88**
マルメロ	324	**ヤブツバキ**	**408**	**ワイルドストロベリー**	**89**
マンゲツロウバイ	409	ヤブデマリ	322	**ワスレナグサ**	**52**
マンサク	**317**	ヤブヘビイチゴ	228	**ワタ**	**179**
マンジュギク	132			**ワレモコウ**	**301**

415

著者紹介

金田 一（かねだ・はじめ）
1972年、著名な植物写真家の金田洋一郎と植物ライターの金田初代（著書多数）の間に生まれる。幼少の頃から植物写真の撮影現場に同行したり、植物図書の編集現場を見ながら成長する。植物写真ストックフォトライブラリー 株式会社アルスフォト企画に勤務。2004年頃から園芸植物を中心とした植物写真の撮影を開始。現在は、植物写真のみならず、「生活に根付いたガーデニング文化」を的確に捉える写真表現の確立を目指している。グリーンアドバイザー資格取得。撮影担当書籍に『コンテナガーデニング和と洋の融合』（実業之日本社）、編集協力書籍は『ハンディ図鑑 散歩道の木と花』（講談社）、『花のいろいろ―四季を楽しむ12カ月の花ごよみ』（実業之日本社）、『色・季節でひける 花の事典820種』（西東社）他多数。

企画編集：蔭山敬吾（グレイスランド）
写真協力：金田洋一郎（アルスフォト企画）
執筆協力：金田初代（アルスフォト企画）
カバー＆本文デザイン：下川雅敏（クリエイティブハウス・トマト）
イラスト：竹口睦郁
DTP：葛西秀昭

散歩で見かける四季の花

2013年4月15日　第1刷発行
2017年8月20日　第6刷発行

著 者　金田 一
発行者　中村 誠
印刷所　図書印刷株式会社
製本所　図書印刷株式会社
発行所　株式会社 日本文芸社
〒101-8407　東京都千代田区神田神保町1-7
TEL 03-3294-8931（営業） 03-3294-8920（編集）

Printed in Japan　112130310-112170809　Ⓝ06
ISBN978-4-537-21097-2
URL　http://www.nihonbungeisha.co.jp
Ⓒ ARSPHOTO PLANNING 2013
編集担当：三浦

乱丁・落丁などの不良品がありましたら、小社製作部宛にお送りください。
送料小社負担にておとりかえいたします。
法律で認められた場合を除いて、本書からの複写・転載（電子化を含む）は禁じられています。また、代行業者等の第三者による電子データ化及び電子書籍化は、いかなる場合も認められていません。